固定翼無人飛機設計與實作

林中彥、林智毅　編著

全華圖書股份有限公司

推薦序

　　近年來全球掀起無人飛機的熱潮，從個人呼應著新時代自造者 (Self-Maker)的號召，運用商業元件及 3D 列印技術來打造自有的飛行器，已經成為越來越為普及的新趨勢。另一方面，全球企業也積極發展智能機械的戰略佈局，各種無人機的創新應用不斷讓世人為之驚艷，更構築起龐大的新興商機，預估在 2020 無人機相關產業的全球市場將可望突破一千億美元以上。

　　一般俗稱的無人飛機(Drone)，正式的名稱為『無人飛行載具系統』(UAS, Unmanned Aircraft System)，可謂是麻雀雖小但卻五臟俱全，它包含了自動控制、無線通信、電子酬載、微機電系統整合、機械結構、複合材料、遙感探測、人工智慧、空間資訊加值處理等等先進技術，相當適合於我國在電機電子、精密加工、複合材料製造、空間資訊業者來共同參與。整個無人飛行載具系統結合飛機設計、製造、組裝、測試等完整航空產品研發製造流程，可用於多種軍民用途，屬系統整合型知識經濟產物，且目前尚不需驗證，以我國目前航空產業能量來看是最適合發展的重點項目。目前國內已有初步內需市場，國內研發團隊亦逐步趕上國際水平，當前國家亦將無人飛行載具系統產業定為重點策略發展項目之一，期能發展成為高科技、高競爭力、高附加價值的新創產業。

　　雖然無人飛機發展極為蓬勃，但是坊間對於入門初學者的介紹書籍卻是極為罕見。本書的作者林智毅為年輕一代優秀的飛航工程師，在其指導教授林中彥老師的指導下，共同致力於撰寫出這本關於 UAS 的系統介紹，相信對於有興趣的讀者是很有幫助的。本書以設計及製造小型無人飛機為主軸，由於作者本身具備無人機飛行操作多年的實戰經驗，也讓這本書可以成為入門初學者的指導手冊，包含第一部份與飛行力學相關的基礎物理、第二部分則專注介紹製造小型無人飛機所常用的材料、工具以及工法。最後，在第三部分則為介紹設計到製造小型無人飛機的作業流程。本書深入淺出的系統性整理，對於有志於學習無人飛行載具的讀者，會是相當有用的第一門課！

　　一百年前，人類終於能夠掌握飛翔的控制奧秘，源自於參悟了機翼形狀與空氣氣流的互動關係。飛行是一門抵抗地心引力的技術，讓我們能夠讓飛行器自由遨翔於天際，希望這本書能夠讓更多對於打造飛行器有夢想的人，能夠燃起勇敢尋夢的熱情，也期待更多的技術者可以共同投入發展無人飛行載具的行列！

羅正方

美國德州大學奧斯汀分校航空太空博士

經緯航太科技創辦人

作者序

　　飛行，一直是人類的夢想，有多少人從小就夢想著可以在天空自由自在的翱翔，而許多人第一次搭飛機是即興奮又期待，更是難以忘懷的體驗。雖然設計製造真正的載人飛機離我們的工業與生活環境仍然有些遙遠，但隨著手機等消費性電子產品的大規模應用並大幅降低成本，微型化電子技術近年來已經廣泛用在航空各領域，機械加工與軟體技術的進步，從前昂貴且需要非常多調校的無人飛機，已經逐漸普及到社會大眾，也廣泛應用於商業活動。

　　傳統上我們的教育非常注重按部就班地知識傳遞，而嚴謹的飛機設計以及相關的電腦程式訓練需要非常多的數學、物理等工程教育背景，使得相關領域的教育與訓練門檻過高；再加上大部分的飛機知識是以英語呈現，台灣本土的教材因為市場太小，也沒有相關性的系統入門書籍，種種因素使得台灣對飛機與飛行相關的科學教育相對難以普及推行。

　　隨著軟體工具及相關技術的進步，許多從前昂貴且不易取得的零件，現在都有著便宜又容易自製或可以委託加工的特性，加上新時代自造者(Self-Maker)的號召，運用商業元件及 3D 列印技術來打造自有的小型無人飛機，已經成為一個可行的趨勢。然而，卻與目前常見的多旋翼飛行機器人著重在飛控板的整合調校不同，小型無人飛機需要整合空氣動力學、飛機結構設計、材料與製造、飛機載重平衡、電控、酬載等等完全不同領域的專業；雖然製造可以飛行的小型無人飛機並非困難之事，但因為是小型無人飛機，牽涉領域廣泛，更需要有專門的知識基礎才能以系統化的方式來設計製造無人飛機。

筆者在校任教期間，自 2009 年起，每年指導大學部與研究所學生參加全國無人飛機設計競賽。在過程中，發現學生對飛機設計的整體系統觀念不足，而坊間亦無合適且數學運算不太多，又能闡述飛機設計基本觀念的參考書籍；因此萌生構想，藉由本書共同作者林智毅先生的碩士論文，將小型無人飛機設計與製造相關的基本觀念整理成書；希望能藉由平易近人的論述方式與圖片，讓沒有相當數學與工程背景的入門者，了解小型無人飛機的基本原理與設計流程，並將製造上所需的基本知識逐一簡單說明，最後再以一個飛機設計製造專案作為說明範本，讓讀者能有機會實際演練。

本書能夠完成，最應該要感謝國立虎尾科技大學遙控飛行社的指導教師兼飛行教官蔡政翰先生；若沒有他自 2008 年起義務指導本校同學飛行與飛機製作，本書無法順利完成。也特別感謝成大航太系的賴維祥老師，因為他無私的貢獻與熱情，在幾乎全無資源與奧援的情形下，持續舉辦全國無人飛機設計競賽，讓同學們的熱情有了空間與舞台，而促成本書的寫作動機。另外，個人也特別感謝國立虎尾科技大學飛機工程系的師長與同事在專業上的支持與協助，特別是陳全宏同學協助檢查書中公式，王泓祈及陳政星同學提供專案設計並協助製圖，張竹翰、高詩涵、簡伯丞同學協助資料的蒐集與整理，以及遙控飛行社的歷屆社員們對內容的檢視，使得本書能順利出版。

筆者並非飛機設計與飛機製造專業出身，所有對飛機的見解，全憑自學；書中各領域涵蓋範圍廣闊，遺漏謬誤之處在所難免，也請各位先進與讀者，不吝指正。

林中彥

2016 年 12 月

識於 國立虎尾科技大學 飛機工程系

編輯部序

　　「系統編輯」是我們的編輯方針，我們所提供給您的，絕不只是一本書，而是關於這門學問的所有知識，它們由淺入深，循序漸進。

　　本書主要以固定翼無人機為例，來介紹無人飛機的設計與實作，讓讀者迅速的對固定翼飛機有基礎全盤的認識。全書共分為十五個章節，從介紹 UAV 歷史的發展與演進出發，說明飛行的基本原理及動力控制，進而帶到常見的飛機結構及材料，及機翼的配置等，再以專案為主軸系統化實作，設計分析固定翼飛所必備的各個元素，完整描繪從原理設計到實作的全盤認識。

　　同時，為了使您能有系統且循序漸進研習相關方面的叢書，我們以流程圖方式，列出各有關圖書的閱讀順序，以減少您研習此門學問的摸索時間，並能對這門學問有完整的知識。若您在這方面有任何問題，歡迎來函連繫，我們將竭誠為您服務。

Preface

目 錄

第一部分　飛機飛行基礎理論

Chapter 1　緒論

Chapter 2　機翼與流體力學

Chapter 3　動力系統

Contents

第二部分　無人飛機製造實務

Chapter 8　材料與工具

Chapter 9　飛操面設置與安裝

Chapter 10　無人飛機的外型與成形

Chapter 11　動力系統安裝

Chapter 12　基本操控設備

第三部分　競速飛機設計製造專案

Chapter 13　初步設計

Chapter 14　細部設計與製造

Chapter 15　實測與試飛結果

第一部分

飛機飛行基礎理論

Chapter

1

緒　論

1-1　前言

　　隨著機械與電子技術的飛躍進步，近年來無人飛行載具已經成為各種政府與軍事運作中不可或缺的一環。無人飛行載具係指無人駕駛的航空器，可藉由操作員以無線電遠端控制的方式遙控運作，或藉由載具內部的自主飛行控制系統自主運作，並可進一步結合地貌或是全球衛星定位系統導航做為目標精準定位或導航用途。載具上可裝設各項感測器、即時影像傳輸裝置、貨物、甚或是武器等等不同的任務酬載，以執行地形、地貌偵照及監控、氣象與災情監測、海岸巡防、急難搜索、交通監視管制及環境監測等工作。在軍用需求方面，則可進行日、夜間監控、目標搜尋與定位、目標摧毀、戰場損害評估等任務。

　　有鑑於國內目前並沒有小型無人飛機之實作教材，本書將以飛機設計概念為主軸，從基本的飛行理論開始，先介紹機翼與流體力學的基礎理論，進而介紹動力系統與飛機控制，接著討論小型無人飛機上常見的的結構與材料，以及機翼配置與載重平衡。在介紹完無人飛機製造理論與實務後，則以一個專案為主軸，用系統工程方法，從需求定義開始，制定小型無人飛機專案設計，使用參數設計法[1]估算飛行載具相關參數與飛行性能，做為小型無人飛機擇優分析及後續概念設計參考之用。

1-2　UAV 發展歷史與文獻回顧

　　歷史上最早的無人飛行載具是做為靶機用途，Nikola Tesla 提出了無人戰鬥飛行載具的概念，是 1916 年的 A. M. Low's "Aerial Target"，1915 年時。1935年由 Reginald Denny 發展記載中第一架縮尺遙控飛機模型。早期的無人飛行載具主要是以無線電遙控（Remotely- Piloted Vehicle；RPV），主要提供給防空砲兵訓練射擊之用。納粹德國也在戰時使用了無人飛機執行攻擊任務，在 1943年擊沉義大利戰鬥艦羅馬號的著名戰例即為遙控滑翔炸彈的傑作。

Reference

[1]　詹文洲，2009，參數設計法應用於無人飛行載具先期構想設計階段之探討，逢甲大學航太與系統工程學系碩士論文。

　　在二戰後的承平時期，無人飛行載具又回歸到擔任靶機的例行任務，直到 1965 年越戰衝突升高，美軍又開始在戰場上運用無人飛行載具擔任特殊危險任務以減少人員傷亡，D-21 以及火蜂都是在這個時期較為人知的無人飛行載具。

　　真正以系統化方式大規模使用無人飛行載具的戰役應該是 1982 年，以色列"加利利和平行動"中，入侵敘利亞的貝卡山谷之役，在搭配了無人飛行載具以及電子作戰手段後，以色列空軍不但摧毀了嚴密佈署的敘利亞防空飛彈陣地，還在空戰中擊落 87 架敘利亞空軍飛機而無任何損失，震驚全球。此役之後，美軍積極投入無人飛行載具研究，而在 21 世紀的幾個衝突中大規模使用並獲良好成效。

　　然而在國內，並無一本完整的書籍或教材專門介紹如何設計與製造小型無人飛機。市面上有若干中文書籍介紹航空器概論、飛行原理等，但是由於國內市場太小，不但缺乏專業飛機設計的書籍，遑論無人飛行載具設計與製造的書籍了。

　　在英文書籍方面，由 Andy Lennon 所著，在 1996 年出版的 Basics of R/C Model Aircraft Design: Practical Techniques for Building Better Models，文中鉅細靡遺介紹完整無人飛行載具之設計、製造、系統以及理論，是小型無人飛機重要的參考書籍之一。而由 David Thomas 所著，在 2000 年出版 Radio Control Foam Modelling，專注在介紹由發泡塑膠製造的無人飛機，亦提供非常有價值之工法與資料。這兩本書也是本書重要參考資料。

▲圖 1.1　背在黑鳥偵察機背上的 D-21 無人偵察機

1-3 無人機是什麼

　　無人飛行載具簡稱無人機(UAV, Unmanned Aerial Vehicle)，泛指機上沒有操作人員，而以遠端無線電遙控設備，或是飛機上機載的自動程序控制裝置的飛行器。UAV 可包括旋翼機(直升機)、固定翼飛機、多軸旋翼飛行器、無人飛船等等。另外，如果從自動化/自主化的方式來看，UAV 可以以機載的自動程序控制裝置完成飛行與各種負載任務，因此也可以說是「飛行機械人」。

　　UAV 的種類複雜，涵蓋廣泛，因此分類上也有很多不同做法：

1.　按飛具平台分類：

UAV 主要可分為固定翼無人飛機、旋翼無人飛機和多軸旋翼無人機等三大平台，其它較常見的還有無人飛船以及混和型態無人飛機如傾轉旋翼無人飛機或是氣球飛機等。

(1)　固定翼無人飛機的主要優點是結構可靠、飛行效率高且飛行速度較快；目前來說，固定翼無人飛機還是軍用和多數民用無人飛機的主流平台。

(2)　但由於電子控制技術與電池技術的快速進步，即使多軸旋翼無人機飛行效率較低，但是操縱簡單、成本較低，已經讓多軸旋翼無人機成為消費級和部分民用用途的主要平台。

(3)　而旋翼無人飛機(無人直升機)由於結構複雜，優勢不明顯，已經逐漸失去其地位了。

2.　按使用領域分類：

無人飛機可分為軍用、民用和消費(玩具)級三大類，這三大類也剛好可以大約對照到重量的分類：

(1)　軍用無人飛機由於需符合軍規需求，以及可能的載掛彈的潛力，是技術上要求最高的無人飛機，目前可執行偵察、轟炸、誘餌、電子對抗、通信中繼、靶機等任務。

(2) 民用無人飛機一般來說對機體性能如升限、速度、航程等要求較低，在現行的法規限制下所能執行的任務種類也較少，但未來法規開放後成長可期。目前民用無人飛僅限用於與"地面"無相互影響的任務，如拍照、監測等等；但未來無人飛機法規開放後，市場的新形態需求將可能是貨物快遞、空中無線網絡、大面積監測、生態保育等領域。

(3) 消費(玩具)級無人機基本上是指重量輕，飛行高度不高的無人飛行器。常見的有無線電遙控固定翼飛機(RC)或是成本低且技術成熟的多旋翼平台，一般可用於教練、空拍、娛樂等用途。

1-4　無人飛機法規進展

隨著科技的發展，無人機的成本與應用範圍越來越廣，而軟體的進步也使得無人機操作的門檻進一步降低，而四處飛行不受法規管制的無人機也開始逐漸引起社會大眾對無人機公共安全的疑慮。在 2019 年 1 月時，倫敦蓋威克機場(Gatwick Airport)連續數天因爲不明無人機進入航道空域，緊急關閉機場，造成高額的經濟損失與區域內空中交通的混亂，長期以來一直被提及的風險已然成眞。

有鑒於此，世界各國的民航主管部門在過去 10 年來不斷的研究與討論無人機的可行法規規範，而我國在 2018 年也由交通部民航局召開記者會，說明《民用航空法》遙控無人機專章，並預計於 2020 年正式施行。

操作無人機除了要注意禁飛區及操作場域之安全性之外，操作人員也必須要通過基本考試以確保具備基本技能與知識，並需要將無人機上網註冊以便在事故時能追蹤得到。民航局在《民用航空法》遙控無人機專章中有「無人機管理規則」、「無人機考驗及檢驗委託辦法」等，立法時的主要考慮因素是以自然人/法人、以及操作之風險分爲兩部分；因爲法人通常有固定之組織與聯絡方式，因此承擔責任的能力較高，所以相對來說操作限制較少；而以及飛機的重量來劃分的主要原因是飛機越重，則一旦墜毀對地面的危害較大，因此越重的飛機操作限制也越多。

1. 操作資格：若要操控 2-25 公斤無人機，須年滿 18 歲，考試通過休閒自用的普通操作證(只需學科)或是專業操作證(需學科+術科)。若要操作法人(即學校或公司、含媒體等)的無人機，則須具備專業操作證。若因為業務或實驗需求，法人單位需在禁/限航區操作，或夜間飛行、同一時間控制二架以上遙控無人機，必須向主管機關、縣市政府申請。

2. 機體註冊&檢驗：自然人所擁有的重量 250 公克以上之無人機，或是學校、法人、公司擁有的無人機，全都必須註冊，註冊後的效期可以保持 2 年。業者在販售 250 公克至 25 公斤的無人機時，製造商、代理商、或進口者須送簡易檢驗，建立清單；若超過 25 公斤，則須通過硬度、可靠度、安全度之實質檢驗。

而除了立法管理現行的無人機操作與飛行外，對於未來可能的技術發展與無人機的大規模運用，目前各研究機構與商業公司也都投入大量資源對未來的應用預作準備，這個領域目前通稱為 UTM (UAV Traffic Management)，主要與空域劃分與管理、以及同一個空域中的同時操作有人機與無人機的議題等。目前比較廣為接受的空域劃分如圖 1.2 所示：

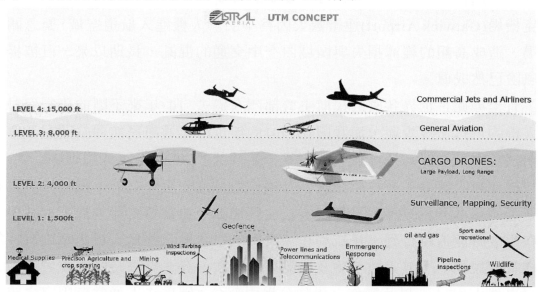

▲圖 1.2　空域劃分示意[1]

Reference

[1]　資料來源：https://www.expouav.com/news/latest/astral-aerial-solutions-developing-utm-system-africa/

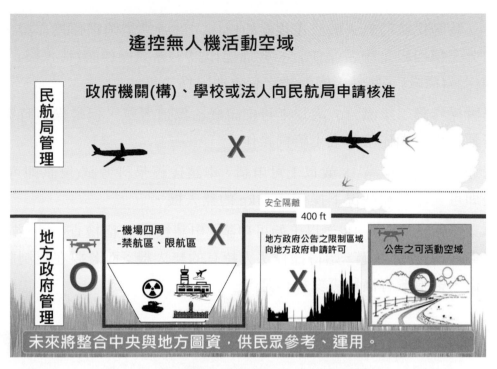

圖 1.3　無人機法規規範的空域劃分狀況[2]

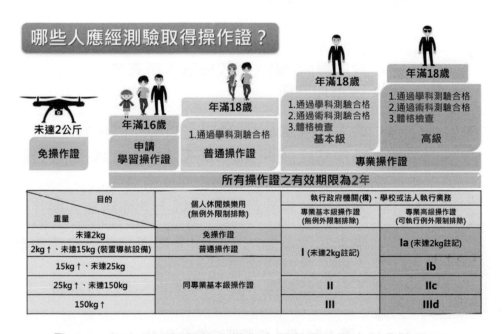

目的\重量	個人休閒娛樂用 (無例外限制排除)	執行政府機關(構)、學校或法人執行業務	
		專業基本級操作證 (無例外限制排除)	專業高級操作證 (可執行例外限制排除)
未達2kg	免操作證	I (未達2kg註記)	Ia (未達2kg註記)
2kg↑、未達15kg (裝置導航設備)	普通操作證		Ib
15kg↑、未達25kg	同專業基本級操作證		
25kg↑、未達150kg		II	IIc
150kg↑		III	IIId

圖 1.4　無人機法規規範的操作人員所需證照之劃分狀況[3]

Reference

[2]　資料來源：交通部民用航空局
[3]　資料來源：交通部民用航空局

我國民航局無人機法規規範的操作人員所需證照稱為操作證，操作證分三種四級：學習操作證、普通操作證、專業操作證(基本級)、專業操作證(高級)。此外，操作證之有效期限為二年。

1. 學習操作證：年滿 16 歲以上可申請發給無須考試，但是操作時需有持普通或專業操作證的人士陪同操作。

2. 普通操作證：年滿 18 歲以上可申請，申請後經學科考試(筆試即可)通過後即可在非營利狀況下操作 2-15kg 的無人機。

3. 專業操作證：年滿 18 歲以上始可申請，申請後經體格檢查、學、術科(筆試與操作)考試通過，始得操作法人持有的無人機；而若要在限制狀況下操作，則須擁有高級專業操作證。

二、無人機管理注意事項

遙控無人機註冊	✓ 自然人所有最大起飛重量250公克以上者 ✓ 政府機關(構)、學校或法人所有者，應辦理註冊
人員操作證	✓ 最大起飛重量2公斤以上具導航設備者 ✓ 操作政府機關(構)、學校或法人之遙控無人機，須經測驗取得操作證 ✓ 未具導航設備且15公斤以上之遙控無人機
檢驗合格證	✓ 最大起飛重量25公斤以上具導航裝置之遙控無人機，應辦理檢驗 ✓ 不具導航裝置（航空模型）不須辦理檢驗

圖 1.5 無人機管理注意事項[4]

 **Reference**

[4] 資料來源：交通部民用航空局

圖 1.6　無人機操作限制與建議[5]

　　而近期有很多相關的法規爭議，都圍繞在認為政府部門過度嚴格限制無人機的使用。但是，平心而論，為了維護大眾的最大利益，有很多限制也是必要的。此外，以目前法規的限制來說，也未如一般認為的限制重重。民航局亦發出說帖說明，請參考圖 1.7。

Reference

[5]　資料來源：交通部民用航空局

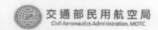

Q&A 小編替你來解答 📖

Q. 【遙控無人機專章】施行後，若學校要從是無人機相關教學課程有哪些注意事項呢？

★ 若在<u>室內</u>或<u>有屋頂空間</u>，不受本無人機法規約束。

★ 若學校教學場地在<u>綠區</u>時，操作人得屬自然人，無人機只要250公克以上完成註冊，地表高度400呎以下，2公斤以下多旋翼無人機或15公斤以下模型機，不需要操作證，老師及學生在綠區操作上述機型得不受限制。

★ 若需在<u>紅區</u>進行，可由學校以法人身份，經民航局能力審查核准後，即可依其所需活動之區域申請許可，每次許可期間為3個月或1年；但老師必須持證，實際操作學生需滿16歲。

遙控無人機官方Line@

圖 1.7　無人機操作法規限制6

Reference

[6]　資料來源：交通部民用航空局

1-5　寫作動機及目的

　　飛機設計的方法及程序已經隨著各種工程與加工技術的進步，邁入使用電腦輔助設計分析與製造的新紀元。電腦輔助設計分析，雖可簡化設計流程和時間，但是若依傳統設計方法和流程，設計與製造一架飛機仍需投入大量的人力、時間和資源，對風險低得多的無人飛機來說，是不切實際的做法。

　　由於不需經過耗時冗長，且成本高昂的適航驗證，無人飛機可以依不同的任務需求有不同的構型設計、酬載、體積、與重量。此外為了配合不同客戶對使用和佈署無人飛機的環境和操作構想都不盡相同的情況，因此不易獲得大量訂單。此點可以解釋許多無人飛機製造公司不斷推出各種款式的無人飛機的作法；本書將以初學者為對象，在不涉及高等數學的前提下，提供初學者建立基本理論與系統概念，並可做為其他小型無人飛機擇優分析和初步設計之參考。

1-6　各章節概述

　　本書以設計及製造小型無人飛機為主軸，內容分為三大部分；考慮到本書的讀者大部分屬於初學者，本書先由與飛行相關的基礎物理講起，再介紹製造小型無人飛機所常用的材料、工具以及工法；第三部分則為專案，介紹設計到製造小型無人飛機的流程。本節將針對本書各章節做重點性的說明，期望能對讀者未來在無人飛行載具之設計、製造、研究與相關技術探討有所幫助。

▲圖 1.8　台灣無人飛機設計競賽參賽飛機

▲圖 1.8　台灣無人飛機設計競賽參賽飛機(續)

Unmanned Aerial Vehicle

Chapter **2**

機翼與流體力學

自古以來人類就一直羨慕鳥類能自由自在的飛行，好幾世紀以前各國的神話以及古書記載中，都有許多相關人類夢想飛行的敘述，以及科幻小說、神話故事等等，人類對於飛行的努力也從未間斷。在 1783 年法國人用一層防漏氣的紙，加上一層輕質的細紗製造出一個高達 23 米的熱氣球。這個大氣球的形狀像只倒掛的梨子，下方有一個吊籠，籠內裝有一隻公雞、一隻鴨子和一隻山羊，氣球一直上升到 500 米的空中。在 19 世紀下半，德國人開始在山坡上測試滑翔翼形式的滑翔機。

但是直到西元 1903 年，才由美國的萊特兄弟設計製造出可以操控且比空氣重的動力飛行器。除了自製汽油發動機等卓越的工藝技術外，萊特兄弟最大的貢獻之一是發明風洞，提出一套系統化的方法，理解機翼對飛機所產生的升力與影響，以及成功設計出能有效控制飛行的三軸(方向、俯仰、滾轉)控制系統，這幾項貢獻奠定了往後人類動力飛行器的迅速發展之基礎。

但是萊特兄弟在發明飛機後，除了持續發展其作品外，亦從商業角度思考，努力申請專利。而此時法國人翻轉萊特兄弟發明的飛機構型，使其成為較能穩定飛行的構型，也就是現今較常見的飛機構型，這就是飛機上有許多部位的名稱是以法文表示的歷史緣由。

2-1　飛機基本受力

飛機主要是由推力、升力、阻力、重力四種力的平衡達到飛行目的，如圖 2.1 所示。推力必須等於或大於阻力，升力必須等於或大於重力才能達到穩定的飛行。

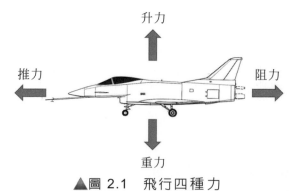

▲圖 2.1　飛行四種力

Design Box

　　所有航空系的教科書都說，飛行有四個力，分別是推力、升力、阻力與重力。但是在航空業界中，常常戲謔地稱，『飛行其實有五種力才對』；意思是說，飛機上除了上述四種物理力量需要相互平衡之外，必須加上"財力"，才能飛行。

　　會有這樣的說法，主要是任何跟飛機扯上關係的東西，都是非常昂貴的。舉例來說，飛機上用以將重要結構零組件相互連接的高強度釘子，一個釘子就索價十數至數十美元不等，一架大型民航機上往往要用到成百上千個這種釘子；而飛機上的大型組件如波音 777-300ER 飛機上用的大型渦輪風扇發動機，在 2015 年每具發動機的售價可能超過 3000 萬美元(詳細售價資料通常是商業機密，而且受到很多附帶合約條款，如採購量、保固期等等的影響，確實價格通常外人不得而知，也難以相互比較)等等。因此，缺乏"財力"的飛機顯然是不能飛行的。

　　如果進一步深究為何飛機上的東西都如此昂貴，除了研發與設計困難、材料特殊、製程複雜、以及產量不多等常見的成本高昂之理由外，很重要的一個原因是，是各國政府基於飛行安全的原因，在法律上要求所有使用在飛機上的裝備，也就是通稱為"航材"的這些裝備，全部需要經過一種叫做"適航認證"的法規程序的管制。這個程序非常的耗時耗錢，是飛機上的東西都如此昂貴的重要原因之一，但也因為如此，人們才能享受舒適安全的民航飛行服務。

　　另一方面來說，小型無人飛機因為沒有載人，加上體積小重量輕，萬一失事時，對地面上的生命財產所構成的風險也較低，故不需要(不必要)受到嚴格的"適航認證"的法規程序的管制。因此小型無人飛機可以用很低的成本執行飛行任務，這也是小型無人飛機能被廣泛用在民生用途上的主因之一。

1. **推力(thrust)**：推力可以是來自於引擎或馬達運轉帶動螺旋槳產生的力量，或是來自於噴射引擎或火箭引擎所排放之高速氣體所產生的力量，推進方式主要是根據牛頓第三運動定律－作用與反作用運動定律[1]而來。一般飛機量測的方式有兩種：第一是實際測試，將發動機或馬達等動力系統裝置固定在試車台(如圖 2.2)，試車台聯接拉力秤或是磅秤，得以大略測得推力；另一個方法是估算法，將動力開到最大，使用轉速計測得實際轉速，再代入推力計算網頁推力計算軟體[2]。

　　例如一 450 級，2000kV 的馬達在搭配 11.1V 電池、6×4 螺旋槳[(其中 6 為槳徑(inche)、4 為螺距(inches)]時，可測得轉速為 20000 轉，代入網頁計算軟體可得推力為 794.88g。

Design Box

　　值得注意的是，這邊提到的，發動機安裝在試車台上時，測出來的推力是所謂的"靜推力"，與發動機安裝在飛機上後(又稱為"安裝推力")，或是飛機實際飛行時，有空速的狀態下所產生的推力值是不一樣的。

　　一般來說，與螺旋槳的推力比較，噴射發動機的推力與空速關係較小；螺旋槳所產生的推力，由於螺距速度的關係，空速越高，螺旋槳所產生的推力越低。

　　光溜溜一顆安裝在試車台上的發動機所測出來的"靜推力"的動力輸出數值是最大的，因為不需要帶動相關的裝備，所有的動力都可以變成"推力"輸出。在真正的飛機上，發動機安裝在飛機上後，由於發動機通常還需要帶動發電機供電，也需要帶動液壓幫浦產生液壓壓力以提供液壓系統的動力，另外在渦輪發動機上還有 Bleed Air 系統，供應高壓熱空氣給飛機上空調、除冰等等系統，因此真正飛機上，發動機安裝後能產生的推力是小於試車台上測出來的"靜推力"的。

　　不過在小型無人飛機上，各種系統的動力來源基本上是由電池提供，因此沒有發動機動力減損的問題。僅需考慮在不同的空速、氣溫與高度的狀態下，發動機所能產生的實際推力就好。

Reference

[1] 維基百科 – 牛頓定律第三運動定律。
[2] 推力估算網頁，http://www.badcock.net/cgi-bin/powertrain/propconst.cgi。

▲圖 2.2　使用拉力秤測得推力並測量轉速

　　值得注意的是，上述方法量測得到的數值為"靜推力"，然而由於飛機飛行時都是有空速的，飛行時產生的相對氣流經過螺旋槳幫助槳葉旋轉可減少動力的負荷量，因此在空中飛行全油門的狀態下，會比在地面全油門時節省耗能。

2.　**升力(lift)**：機翼是提供飛機升力的主要組件。機翼的翼剖面呈現弧形，當氣流流經機翼上方時，由於翼面上的弧度較大，氣流流經的距離較長，因此氣流的速度較快，根據柏努力定律(Bernoulli's principle)，此區域的氣壓會比較低；而機翼下面的區域空氣流速慢，導致機翼下面的氣壓較大，兩者的壓力差便是升力的主要來源，可以把機翼往上抬升，如圖 2.3 所示。機翼上方的部分壓力較低於是把機翼往上吸，而機翼下方的部分壓力較高則可以把機翼往上抬升。

　　升力系數(Lift Coefficient, C_L)是指工程師對於一物體進行模擬其狀態、空氣流場、升力等複雜相關的數字；升力估算基本公式[3]如下：

$$L = \frac{1}{2}\rho v^2 S C_L \qquad (2-1)$$

Reference

[3]　John D. Anderson, Jr. Introduction to Flight . Chapter5 P264。

其中：

      L：升力

      ρ：空氣密度

      v：速度

      S：翼面積

      C_L：升力係數

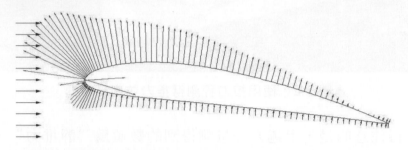

▲圖 2.3　機翼上方部分為低壓區，機翼下方部分為高壓區

3.　阻力(Drag)：空氣動力學中的阻力是指一物體在空氣流體中運動所產生運動方向相反的力稱為阻力，另外在無人飛機機翼設計上，阻力估算基本公式如式 2-2[4]。

$$D = \frac{1}{2}\rho v^2 S C_D \qquad\qquad\qquad (2\text{-}2)$$

其中：

      D：阻力

      ρ：空氣密度

      v：速度

      S：面積

      C_D：阻力係數

      阻力又分為較常見的四種阻力：

Reference

[4]　John D. Anderson, Jr. Introduction to Flight . Chapter5 P276。

(1)　誘導阻力(Induced drag)：

　　因機翼產生升力而伴隨產生的阻力稱為誘導阻力。

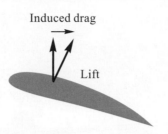

▲圖 2.4　誘導阻力和升力的關係

　　誘導阻力(或稱感應阻力)是指飛行體在產生升力時，一併衍生的阻力。誘導阻力包括二個主要組成成分，一個是因為渦流而產生的阻力(渦流阻力)，另一個則是黏滯阻力。在飛行體通過空氣時，其上表面及下表面的氣流壓強不同，但在飛行體尾端，上方及下方不同壓強的氣流會混合，產生紊流及渦流[5]。

　　這個阻力通常較難消除，只能以盡量尋找升阻比較低的翼形以減少隨著(我們需要的)升力而產生的阻力。

(2)　翼尖阻力(Wingtip drag)：

　　通常飛機行進時，氣流在機翼下方的流速較小(因此壓力較大)，機翼上方流速較大，上下翼面的氣流速度差會在翼端的部分超出機翼而形成紊流，對飛機而言是一個很大的阻力，稱之為渦流阻力，如圖 2.5 是飛機劃過雲霧所呈現的翼尖渦流。

　　一般來說翼尖阻力是飛機設計時減低阻力的重點，對 HALE(high altitude long endurance)無人飛機更是如此。常見的減阻設計有加長翼展(提高展弦比，以減低翼尖之相對影響比例)，或是現在長程客機上常見的 Winglet 或是 Wing Fence 的設計，都是用來減低翼尖阻力的。

 **Reference**

[5]　維基百科 – 寄生阻力。

▲圖 2.5　翼尖渦流[6]

(3) 摩擦阻力(Friction drag)：

　　　　摩擦阻力是由空氣分子的黏性而產生的。當氣流以一定的速度 v 流過飛機的表面時，由於空氣的黏性作用，空氣微團與飛機表面發生摩擦，阻滯了氣流的流動，因此產生了摩擦阻力。當氣流流過飛機表面時由於空氣分子的黏性使它與機身及機翼接觸的那層空氣微團黏附在機翼表面，因此，緊貼在飛機表面的那一層空氣微團的速度為零，從飛機的表面向外氣流速度才一層比一層大，直到最外層的氣流速度與外界氣流速度 v 相等為止，我們稱緊貼飛機表面，速度由 v 逐漸變為零的那一層空氣層叫做附面層。

　　　　飛機飛行時，飛機的最大速度是，在那個空速與高度時，發動機所能產生的最大推力與飛機在那個空速與高度時的阻力的平衡點。發動機的推力與飛機的加速快慢有直接關係，但是常被誤解的是，飛機的推力與飛機的最大速度並沒有"那麼直接"的關係，飛機的最大速度反而是與飛機的"總阻力"關係密切得多。

Reference

[6]　Google 圖片搜索-翼尖渦流圖片。

(4)　寄生阻力(Parasitic drag)[7]：

　　　寄生阻力是一物體在一不可壓縮流體中移動所受到的阻力。寄生阻力中包括由黏滯力產生的阻力(形狀阻力)以及因表面粗糙度產生的阻力(表面摩擦阻力)。若物體附近有其他相鄰近的物體，會產生干擾阻力，有時也會視為寄生阻力的一部份。

　　　各種阻力在本節中已經有概略的描述。而要提升飛機效率，降低阻力的方式，則必須回歸到基本物理的原理，比方說，讓飛機表面平滑、設法減少表面積、使飛機的外型流線，減少飛機迎風面的截面積等等方式，都是常見的減低阻力的手段。

4.　**重力(Gravity)**：宇宙每個星球包含地球都有各自的地心引力，地球的引力產生的加速度被表示為 G，若忽略空氣阻力來計算，一物體每秒鐘向下的加速度為 9.81m/sec^2，這個數值亦即為重量。所以飛機能夠飛行的條件之一是要使機翼產生的升力足以抗衡地心引力。

2-2　高速飛行議題

　　雖然本書討論的小型無人飛機基本上不會飛到高次音速甚至是超音速的領域，但是一些與上述常見的四種阻力有關的延伸討論，不可避免還是會討論到音速的問題。而這對增進知識與了解飛機設計全貌也會很有助益。

　　飛機在高次音速到超音速的飛行狀態與低速最大的不同，在於

①飛機所穿過的空氣流場從不可壓縮流逐漸轉變成可壓縮流。

②比空氣傳遞壓力波動(也就是聲音)更快的飛行物體穿過流場時造成的壓力急遽改變的現象(也就是震波)。

　　影響所及，會產生許多超越直觀想像的非線性的空氣動力學特性。此外，在飛機加速到穿音速附近時，機體所承受的壓縮性阻力會顯著的上升，這也是 1940 年代末期人類在嘗試超音速飛行時所遇到的 "音障" 的來源。

Reference

[7]　維基百科 – 寄生阻力。

1. 波動阻力(Wave drag)：

波動阻力是指一高速物體通過可壓縮性流體時產生的阻力，在空氣動力學中，依飛行速度的不同，波動阻力也可分為幾種不同的組成成份。波動阻力在穿音速或超音速時出現，例如飛機在加速至接近音速飛行的過程中會逐漸產生波動阻力，這種波動阻力常稱為次音速壓縮性阻力。當馬赫數接近 1 時，次音速壓縮性阻力會顯著的上升，遠大於同速度下的其他阻力。如圖 2.6 是阻力係數與馬赫數的關係曲線圖。

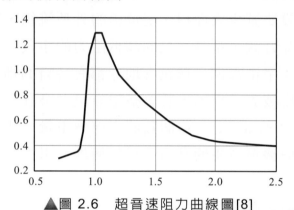

▲圖 2.6　超音速阻力曲線圖[8]

在穿音速飛行(馬赫數介於 0.8 及 1.2 間)時，波動阻力是飛行體形成震波後的結果。一般會出現在出現局部超音速流(局部流體馬赫數大於 1.0)的區域。實務上，當飛行體接近音速時，亦有可能因機體外型導致部份區域的空氣速度超過音速，就會出現局部超音速流。因此飛機附近的氣流既有超音速流，也有低於音速的亞音速流。飛機在跨音速飛行的正常運作過程中常會產生波動阻力，這種波動阻力稱為穿音速壓縮性阻力。當馬赫數接近 1 時，穿音速壓縮性阻力會顯著的上升，遠大於同速度下的其他阻力。

Reference

[8] 波動阻力關係曲線圖，
http://zh.wikipedia.org/wiki/File:Qualitive_variation_of_cd_with_mach_number.png。

　　因此在飛機設計中,要盡量延後飛機加速至接近穿音速飛行(馬赫數介於 0.8 及 1.2 間)時,在機身與機翼等處出現局部超音速流(局部流體馬赫數大於 1.0)的時間,對飛機的整體阻力與效率,也是有很大的幫助的。現今大型民航機上採用的超臨界機翼(英文:Supercritical airfoil 或 Supercritical Wing),主要作用就是在於延後局部超音速流的發生,減輕穿音速飛行的波動阻力。也因為這個緣故,現今民航機速度的提升至高次音速之後(大型民航機約 0.85 馬赫)之後,就不再繼續提高速度了。

Design Box

　　之前波音公司曾經試圖推出 Sonic Cruiser 機型(音速巡航者),計劃以 0.98～1.05M 的速度為其巡航空速,兩年後遭致失敗的結果;深究其原因,除了一般瞭解的市場時機與科技成熟度的因素之外,物理上難以克服急遽增加之穿音速阻力(參考圖 2.6),以及隨之而來的面積率課題,才是真正讓整個計畫以失敗告終的主因。

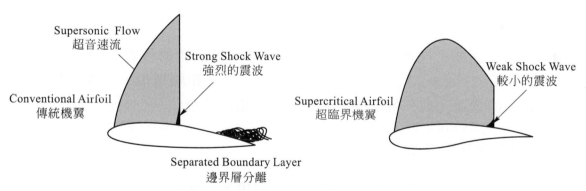

▲圖 2.7　傳統機翼與超臨界機翼之比較

　　而在飛行器加速到超音速之後,在超音速飛行(馬赫數大於 1.0)時,會在飛行體的前緣及後緣出現斜激波。若速度非常高,或是飛行體轉彎角度夠大時,則會出現舷波(bow wave)。在超音速飛行時,阻力一般可以分為二個成份:與超音速升力相關的波動阻力,及與超音速體積相關的波動阻力。如圖 2.8 所示。

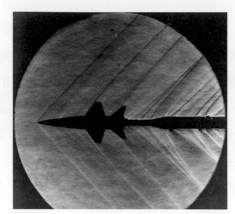

▲圖 2.8　超音速時尖端產生的舷波[9]

何謂震波

　　當物體運動比其周圍的流體速度還要快時，靠近超音速物體的流體無法及時反應或排開，因此流體的各種性質在瞬間被迫變化(密度、溫度、壓力、速度、馬赫數)，當氣體運動速度大於其音速時，震波就形成了。在超音速物體快速行進間，周圍的空氣因高速排開使得壓力快速積聚起來，因此高壓震波就迅速形成了。

　　然而，震波不同於一般的聲波。在震波前後氣體的性質會發生劇烈變化，於是產生很大的爆裂聲或者嗶啪的噪音，隨著距離增加，震波中的空氣逐漸喪失能量退化成一般的聲波，因此成為超音速飛機飛行時產生的音爆。

2.　飛行時的功率曲線：

$$寄生阻力＝寄生阻力係數×機翼面積×空氣密度×速度平方$$

　　在低速飛行時，由於維持升力需要的功率較大，飛機的攻角較大，其產生的誘導阻力也較大。不過當速度提高時誘導阻力隨之下降，而流體相對物體的速度提高，因此寄生阻力會變大。若速度已到達穿音速，波動阻力也隨之出現。

Reference

[9]　NASA X-15 超音速模擬測試，http://up-ship.com/blog/?m=201108&paged=2。

　　其中速度提高時，誘導阻力下降，其他阻力卻隨之上升，因此總阻力會在某一速度時出現最小值，若飛機以此速度飛行，其效率會等於或接近其最佳效率。飛行員會以此速度來使續航力最大化(使油耗最小化)，或是在引擎故障時可以使滑翔距離最大化。

　　因此我們可以將寄生阻力及誘導阻力相對速度的特性曲線繪製在同一圖上，如圖 2.9，此圖在飛機設計中稱爲功率曲線。功率曲線可以讓飛行員了解不同速度下，飛機飛行所需要輸出的功率，是非常重要的曲線。

　　功率曲線中寄生阻力及誘導阻力有一交點，交點處的阻力總和最小。交點的右側爲正常控制區，當速度越高時，維持定速需要的推力越大。交點的左側爲反向控制區，此區域的功率特性恰好與一般直覺的認知相反：當速度越低時，維持定速需要的推力越大；而在曲線的另一端，當速度越高時，維持定速需要的推力越大。若飛機的速度低於此交點對應的速度，會出現一個不符合人類直覺的特性：當速度越低時，維持定速需要的推力越大。

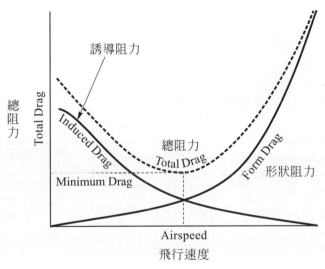

▲圖 2.9　阻力和速度之間的關係曲線圖[10]

Reference

[10] 寄生阻力關係曲線圖，http://zh.wikipedia.org/wiki/File:Drag_Curve_2.jpg。

2-3 專有名詞解釋

1. **空速(Air Speed)**：指飛行物體相對於空氣流經的速度稱為空速。航空器測量飛行高度或空速以大氣海平面高度空氣密度作為標準，所以飛機飛行的高度與速度測量得到數值之後，再以標準值來作計算得知飛機的飛行狀態。測量空速的方法一般是利用動壓管與靜壓管測量衝壓空氣的壓力並轉換到飛機的空速指示計。

2. **機翼面積(wing area)**：為機翼的正上方向下投影面積；升力、阻力及俯仰力矩都與機翼面積或控制翼面積成正比。控制翼面主要是維持其在空中的穩定飛行以及提供必要的操縱力。機翼上通常安裝的主操縱面為副翼，以及輔助操縱裝置襟翼。

3. **翼弦(chord)**：由機翼前緣及後緣連成的直線弦稱為翼弦，如下圖 2.10 所示。

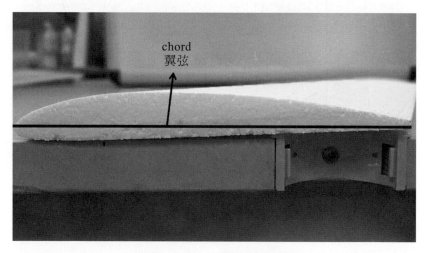

▲圖 2.10　翼弦示意圖

4. **平均氣動弦(Mean aerodynamic chord-MAC)**：如圖 2.11 所示平均氣動弦和 1/4 氣動點可被訂定為有關的升力、阻力和俯仰力矩之參考點。

平均氣動弦 MAC

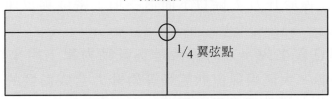

$^1/_4$ 翼弦點

▲圖 2.11 平均氣動弦示意圖

5. 攻角(Angle of attack，縮寫為 AOA)：翼弦與相對氣流所呈現的夾角稱為攻角，如下圖 2.12 所示。隨著攻角的增加升力也會增加直到機翼失速，機翼失速後升力會迅速降低。

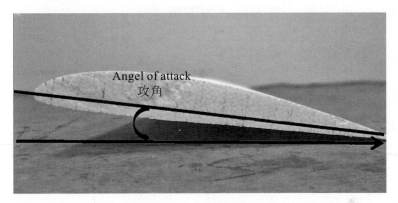

Angel of attack
攻角

▲圖 2.12 攻角示意圖

6. 升力係數[11]：

升力係數 C_L 的定義，基本公式如下所示：

$$C_L = \frac{L}{\frac{1}{2}\rho V^2 \cdot A} \qquad (2\text{-}1)$$

V：速度

ρ：流體密度

A：物體的大小，即為機翼面積

L：升力

Reference

[11] http://ckfcaa.tw/aviation/rocket/liftco.htm。

升力係數 C_L 等於升力 L 除以下面這一項：密度乘以速度平方的一半乘以翼面積 A。

以物理意義來說，升力係數是空氣動力學上用來總和所有關於空速、物體外形、大氣與氣流狀態等等對升力造成影響的複雜相關因素的一個係數，升力係數通常是由風洞實驗或是 CFD 計算求得的。

因此高速飛行時空氣升力對飛機的影響非常明顯，飛機速度越快，升力成平方正比增加。換句話講，若僅考慮到高速巡航飛行，則高速飛機的機翼可以做得很小，不但減輕重量，也減少阻力。

7. **阻力係數 [12]：**

阻力係數 C_D 的定義，基本公式如下所示：

$$C_D = \frac{F_D}{\frac{1}{2}\rho V \cdot A} \tag{2-2}$$

V：速度

ρ：流體密度

A：物體的大小，即為迎風面積

F_D：阻力

以物理意義來說，阻力係數是空氣動力學上用來總和所有關於空速、物體外形、大氣與氣流狀態等等對阻力造成影響的複雜相關因素的一個係數，阻力係數通常是由風洞實驗或是 CFD 計算求得的。

阻力方程式的基本的物理觀念，是考慮在一個理想情形下，當所有流體衝撞物體後就完全停止時，此時的阻力值是理論上的最大阻力。然而實際上不會是如此，流體會往兩側移動。物理上阻力係數 C_D 就是物體所受的實際阻力相對於理想阻力(最大可能阻力)的比例。一般而言較粗糙、非流線型的物體其 C_D 接近 1。較平滑的物體 C_D 數值較低。阻力方程提供了阻力係數 C_D 的定義，此係數會隨雷諾數而變化，實際的數值需要利用實驗來求得。

Reference

[12] http://baike.baidu.com/view/95279.htm。

8.　**失速(Stall)**：失速是指機翼在呈現高攻角的狀態下，攻角越大產生的升力越大，當升力攻角達到臨界點的時候此時升力會突然驟降，稱此狀態為失速。不同翼型有不同的升力係數和失速臨界點，如下圖 2.13，NACA0010 當攻角達到 4 度時升阻比值驟降、NACA4412 當攻角達到 9 度時升阻比值驟降、NACA6409 當攻角達到 8.5 度時升阻比值驟降、NACA6411 當攻角達到 10 度時升阻比值驟降。

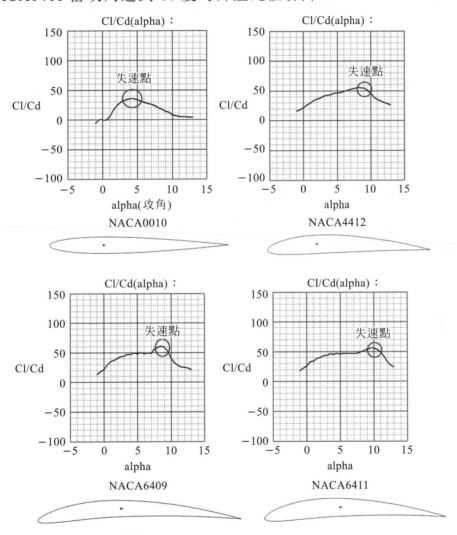

▲圖 2.13　四種翼形失速比較圖[13]

 **Reference**

[13] Profili 2 機翼分析軟體。

當機翼攻角達到臨界角度且飛機推力達到最大值，而不足以抗衡阻力與重力時，飛機就會形成失速的狀態。另外以蘇愷戰機飛行性能舉例，當它在空中作垂直停懸的狀態時，雖然飛機推力大於機身重量使機身停滯於空中，此時機翼在這種狀態下失去原本提供升力的作用，這種狀態機翼(或是說，整架飛機)也是處於失速的狀態。

9. **升阻比(L/D)[14]**：升阻比的基本定義為飛機或是機翼的升力對阻力之比值；由於誘導阻力之存在，因此升力越大時阻力也相對越大。飛機的升阻比越大，其空氣動力性能越好，對飛行越有利，也會有較佳爬升性能，假設一理想機翼之升阻比對攻角的關係，當攻角為 8.5 度時升阻比為 60，表示該機翼剖面在攻角為 8.5 度時，其產生之升力是阻力的 60 倍。

值得注意的是雖然升阻比通常被用來檢驗機翼的性能，升阻比越高越好，但是升阻比並非機翼翼型設計時考量的唯一因素，機翼失速時的攻角限度也是重要的考慮因素之一。

另外升阻比並不能完全定義翼型之整體性能優缺點，例如 NACA6409、NACA6412，在攻角 13 度時，升阻比分別為 34.79(NACA6409) 與 42.77(NACA6412)，理論上升阻比較高飛行效率越好；但是以機翼翼型周圍流場分析後，如下圖 2.14 與 2.15 為攻角 1 度時空氣分離圖得知：

NACA 6409
Re = 302000
Mach=0.0000 - NCrit=9.00 - turb.: upper at 50.00%, lower at 50.00%
Theta value on airfoil for Alpha = 1.0 degrees

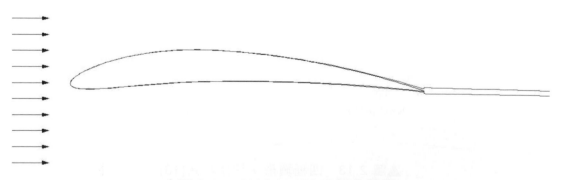

▲圖 2.14　NACA6409 空氣分離圖

Reference

[14] https://zh.wikipedia.org/wiki/%E5%8D%87%E9%98%BB%E6%AF%94。

(1) NACA6409 翼後緣空氣分離較小，相對紊流較小，有助於平飛巡航時飛行效率較高，適用於長時間盤旋與低攻角爬升的飛機。

(2) 而 NACA6412 翼後緣空氣分離較大，相對紊流較大，因此平飛時效率較差，然而其高攻角時之升阻比卻較 NACA6409 高，由此得知此翼型適合用於在典型任務型態中，爬升以及機動飛行所佔時間比例較長，而巡航或於目標區滯空所佔時間比例相對較短之飛機。

因此，藉由參考比較不同翼型在不同攻角狀態下之流場與升阻比，有助於選擇設計飛機使用之最適合翼型。升阻比計算公式如下：

$$\frac{L}{D} = \frac{C_l}{C_d} = \frac{升力係數}{阻力係數} \tag{2-3}$$

NACA6412
Re = 302000
Mach=0.0000 - NCrit=9.00 - turb.: upper at 50.00%, lower at 50.00%
Airfoil virtual shape (delta *) for Alpha = 1.0 degrees

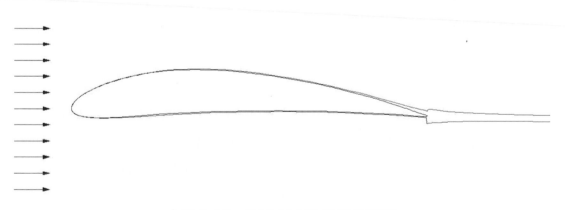

▲圖 2.15　NACA6412 空氣分離圖

一般來說，升阻比是在特定空速及攻角下的升力，除以相同條件下的阻力。升阻比隨速度而變，因此會得到隨空速改變而變化的升阻比的曲線。由於空氣阻力在飛機低速及高速時較大，因此一般的空速對升阻比的函數圖形會出現倒 U 字形的模式。

下表為一些飛行物體之升阻比之例子，注意這是一個大約比較的數值，實際情況隨空速與高度變化，遠較下表複雜。

機型	條件	升阻比
環球飛行者	巡航	37
U-2 偵察機	巡航	～28
旅行者號	巡航	27
波音 747	巡航	17
協和號	M2 巡航	7.14
塞斯納 150	巡航	7
協和號	進場	4.35
信天翁科		20
普通燕鷗		12
家麻雀		4

10. **展弦比(Aspect Ratio-AR)**：展弦比就是機翼的翼展與翼弦的比值，也就是機翼的翼展平方與機翼翼面積的比值，其計算公式如下：

$$AR = \frac{b^2}{S} = \frac{翼展長度^2}{機翼面積} \tag{2-4}$$

高展弦比的機翼長度較長而寬度較窄，較適合用於低損耗動力就能長期滯空飛行的飛機，例如滑翔機。自然界中的生物也是如此，像是翼展很長的信天翁和老鷹，牠們不需要花費太多體力拍動翅膀就能在空中滑翔很長的時間；與之相反的鳥類則為麻雀，麻雀的翅膀很小，必須不斷拍動翅膀才能在空中飛行，但是其機動性甚高，在飛行時可以迅速變換方向。另一個例子是鴿子，除了能快速變換方向外，亦有在空中滑翔之能力，可視為中等展弦比設計的代表。

在設計長滯空飛機時，採取高展弦比機翼以降低誘導阻力是提升飛行效率的有效方法，可以減少飛行時能量消耗，增加滯空時間。值得注意的是展弦比高的機翼一般翼弦都比較窄，雷諾數較小，所以要仔細選擇翼型，避免過早失速；另外高展弦比翼型滾轉的轉動慣量大，加上機翼較容易失速的影響，通常較不易做出滾轉翻滾等大動作。

▲圖 2.16　上圖為高展弦比翼型、下圖為低展弦比翼型[15]

相對來說，低展弦比的翼展較短且窄，雖然低展弦比機翼與控制面誘導阻力較大，但是對於飛行物體的操控與運動性能較佳，常見的例子，例如飛彈，戰鬥機等。

11. **推重比(Thrust to Weight ratio)**：推重比，有時也稱為馬力重量比，是指動力系統產生的總推力與飛機本身全配重量的比值，計算式如 2-5 所示。

$$\text{Wr} = T/W - \text{推力/重量} \tag{2-5}$$

Reference

[15] Flite Test R/C Word，http://flitetest.com/。

推重比越大的飛機能量愈大，加速越快，甚至可以垂直加速，然而這些高推重比的飛機需要較大較重的發動機以產生較大功率，並需要較重的飛機結構以承受較大功率，因此飛行效率較差。

12. **雷諾數(Reynolds number-Re)[16]**：流體運動時，主要受到黏滯力與慣性力的兩種力量影響，兩者的比值高或低可藉由雷諾數表示。雷諾數較小時，黏滯力對流場的影響大於慣性力，流場中流速的擾動會因黏滯力而衰減，使慣性力衰退降低；反之，若雷諾數較大時，慣性力對流場的影響大於黏滯力，流體流動較不穩定，流速的微小變化容易發展、增強，形成紊亂、不規則的紊流流場。雷諾數基本公式如下：

$$\text{Re} = \frac{I_f}{v_f} = \frac{\rho \times d \times v}{\mu} \tag{2-6}$$

其中　I_f：慣性力

v_f：黏性力

ρ：密度(kg/m^3)

d：速度(m/s)

v：截面積(m^2)

μ：黏性係數$(N\ s/m^2)$

由於變數過多，在物理上雷諾數的精確的數值並無意義，只需要到大略數值；雷諾數主要用來作為形狀、大小以及速度等相對的參考與比較。最常用到雷諾數的地方之一在於風洞測試的各種參數與模型大小比例之校正。

在設計飛機的過程中，阻力、升力、重心、穩定性、操控面等都需經過風洞測試實驗，驗證飛機的氣動力外型設計；另外在風洞測試飛機的數值時，由於通常真正飛機體積過大，難以將原尺寸飛機直接置入風洞中測試，因此必須將按比例縮小，例如縮小 1/5 模型，原型機的空速為 400km/hr，那麼在風洞的風速就要給定 2000km/hr，已經超音速了，

Reference

[16] 維基百科–雷諾數。

顯然不可行(記得嗎？超音速氣流為可壓縮流，非常複雜)，所以把風洞中的空氣密度增加約 10 倍，這時風速只要給定 200km/hr 在雷諾數相同的狀況下，即可測得此模型和原型機一樣的數據。

　　進一步參考上述雷諾數公式，若雷諾數不變，當 A 越大，則 S 會提高，有可能超越音速，為了讓雷諾數不變又不能超音速，所以只好變更空氣密度，一般在風洞中只能將溫度降低，使空氣密度提高，如此一來便能測得和原型機一樣的參數。

Design Box

　　飛機在飛行時，主要的影響因素是空氣與飛機之間的相互影響。但是空氣的物理行為複雜多變，是一個高度非線性的現象，導致在設計飛機時，有時難以用數學方式做正確的估算。因此，衍生出一些實驗的方法。常用的風洞是一個可以產生人造氣流的管道，以空氣流動代替飛機的移動，產生＂空速＂的效果，如此可用於研究空氣流經物體所產生的氣動效應。另一個目前常用的方法則是計算流體力學(CFD)，是以(FEM)有限元素分析的方式應用在流體分析上。

　　根據式 2-6 得知，當速度、密度、黏性係數不變而截面積變大時，經計算結果數值變大則雷諾數跟著變大，相對的雷諾數越大對於機翼的效應較明顯，因此飛行的效率也會增加；反之機體尺寸越小、飛行速度越慢，則計算後雷諾數越小；雷諾數小則可以顯示機翼產生之升力亦較小，飛行效率較低；因此整體來說，越小飛機與機翼的氣動力效率較低，通常需藉由較大的動力維持飛行性能。

　　當考慮小型的無人飛機設計與製作時，小型機體與機翼會導致雷諾數很小，因此須藉由提高動力輸出來提升飛行性能。例如在台灣全國 UAV 設計競賽中的初階電動性能組競速項目，為了在短時間內完成指定飛行科目，在機體設計時除了在細部作細微整流外，機體尺寸必須盡量縮小並減少不必要的阻力，此外，因飛行速度在時速 200 公里以內，又機體尺寸小，因此所得的雷諾數很小，須藉由強大的動力使飛機維持飛行性能，以達設計目標。

Design Box

　　機翼是飛機設計上最重要的部分之一。雖然飛機的任務酬載基本上是由機身的大小與容積配置決定,但是飛機在執行任務時所需要的飛行性能,比方說是要高空低速或高空高速,是否需要有機動性能?對效率的要求較高,或是對複雜操作環境的要求較高等等,則主要由動力系統與機翼決定。然而動力系統在飛機上通常設計為半獨立的系統,常常可以視需求與技術進步加以更換,但是機翼因為與機身的結構緊密結合較不易改變;所以在業界,有「Design Aircraft around the Wing」的說法。而直升機則相對有「Design Helicopter around the Rotor」的觀點。

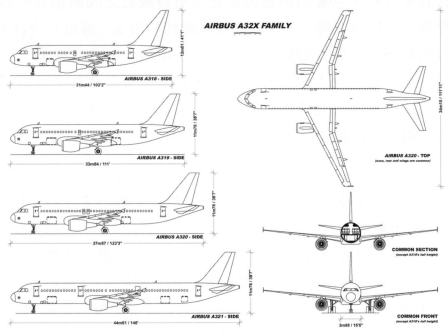

▲圖 2-17　空中巴士公司 A320 系列飛機,機身大小之比較

　　在民航機設計上,最可以看出「Design Aircraft around the Wing」的概念。以 Airbus 的飛機來說,150 人座的 A320 是 Base Aircraft 的設計,將機身縮短,得到較小型而短程的 A319;而將機身加長後得到的 A321,則是較大型而較長程的版本。三種飛機的機翼以及垂直與水平尾翼的氣動力設計是完全相同的,所不同之處在於機身的長度與部分結構強化的設計,完全驗證「Design Aircraft around the Wing」的情況。

Chapter

3

動力系統

現代小型無人飛機使用的動力系統主要分為三種，分別是電力馬達、往復式發動機以及渦輪噴射發動機。在西元 2000 年前，小型無人飛行載具只能使用往復式燃油發動機，因為當時的小型渦輪噴射發動機售價太高且性能不足，而當年的有刷電動馬達搭配電池的動力組合則無法在適當的重量下提供足夠的動力(單位重量的能量密度太低)。

然而經過十餘年來的發展，一方面小型渦輪噴射發動機的售價降低且性能獲得足夠提升，雖然依舊非常昂貴，但已經不再是遙不可及的選擇；另一方面，受惠於消費性電子產業的快速發展，鋰電池科技搭配無碳刷馬達，已經可以提供足夠讓飛機使用的性能。加上無碳刷馬達的高可靠度以及方便使用的特性與低廉的價格，使得目前在 5 公斤以下的小型無人飛行載具，幾乎完全使用鋰電池搭配無碳刷馬達的動力系統配置。

3-1 電動馬達

3-1.1 有刷馬達以及無刷馬達

電動馬達主要分為兩種，分別是有碳刷馬達以及無碳刷馬達，一般通稱為有刷及無刷馬達。早期普遍使用有刷馬達，其轉動原理是定子與轉子纏繞上線圈，通上電流產生磁場，即成為電磁鐵，定子和轉子其中之一可為永久磁鐵。直流馬達的原理是定子不動，轉子相互作用所產生一運動方向，產生旋轉的運動如圖 3.1 所示。

而由於近年來的機械加工與電子技術較為進步，製程和精密度都有很不錯表現，使得無刷馬達技術成熟，成本降低，因此被廣泛使用；無刷馬達運轉原理如圖 3.2 所示，虛線框處為電子變速器(ESC)，用來控制馬達轉速。右邊圓框處為較常見的三相無刷馬達示意圖，電子變速器裡有一個霍爾(Hall)感測器的元件，用來感測馬達轉子的角度，若 A 輸入正電 C 為負電，則會驅動馬達，下一個則 B 輸入正電 A 為負電以此類推，所以電子變速器的輸出訊號越快，無刷馬達的轉速越高。

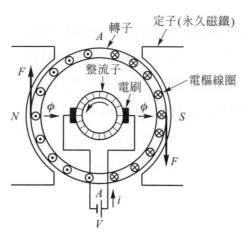

▲圖 3.1　有刷馬達內部結構圖[1]

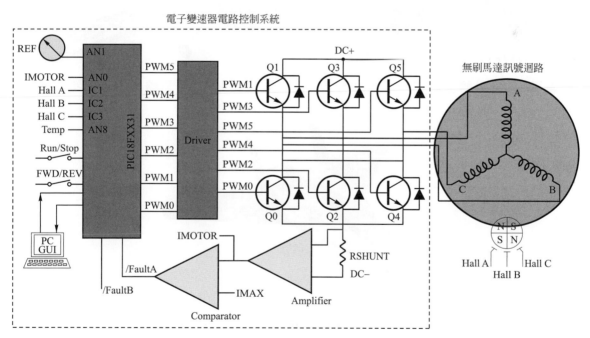

▲圖 3.2　電子變速器與無刷馬達電路圖[2]。

Reference

[1]　林慶曜，直流有刷馬達與無刷馬達之差異與比較，高雄縣中山工商。

[2]　無刷馬達控制原理網頁-Microchip Application note AN875。

　　另外無刷馬達又分為兩種旋轉形式，外轉子和內轉子如下圖 3.3 所示；外轉子的馬達轉速低、扭力較高，可直接驅動槳徑較大的螺旋槳，較常見的使用在特技機、二次大戰像真機、F3A 花式特技機等如下圖 3.4。由於電子技術日新月異，漸漸有許多高轉速的外轉子馬達問世，外轉子馬達另一個優點就是散熱效率較佳；至於內轉子無刷馬達通常轉速較高，常用於競速飛機、後推式飛機、導風扇像真機等如下圖 3.5，但其散熱效率較差，需要特殊的氣流導流方式讓馬達散熱。

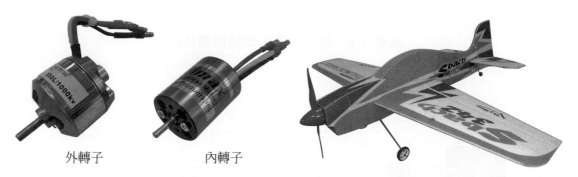

　　　　外轉子　　　　　　內轉子

▲圖 3.3　外轉子與內轉子無刷馬達　　　▲圖 3.4　使用外轉子馬達的特技機

▲圖 3.5　使用內轉子馬達的競速機

有刷馬達與無刷馬達優缺點：

(1) 有刷馬達優點是成本較低、控制轉速較簡單。缺點是電刷的部分需作定期清理保養或更換，電樞圈也容易損耗。

(2) 無刷馬達優點是使用壽命較長、扭力大、效率高、噪音低。缺點是成本較有刷馬達高一點。

✈ 3-1.2　無刷馬達規格介紹(Brushless DC Motor)

　　由於現在的模型店以銷售無刷馬達爲主流，有刷馬達漸漸淘汰，本書不對有刷馬達多做說明；市面上的無刷馬達規格非常多樣，然而選擇模型飛機所需的動力搭配並非想像中的困難。

　　普遍的做法是先估算飛機全配的重量(包含空機種和電裝電池等)，之後選擇馬達級數；一般馬達級數分爲 300 級、450 級、500 級、550 級、600 級、700 級等，每一個等級爲一飛機重量所能負荷的範圍，例如 300 級的馬達適合搭配重約 100 公克～300 克的飛機；450 級約 600 公克以內；500 級約 1000～1500 公克以內。此爲估計與建議搭配，實際上需考慮飛機任務型態與飛機構型，再試飛加以驗證；也可以進一步請教資深飛行同好或模型店店員。

　　另外 KV 值亦爲馬達選擇重要的一環，主要的考慮重點是螺距速度與扭力；無刷馬達 KV 值是用來表示電壓每升高一伏特所增加的轉速數值；低 KV 值的馬達繞圈匝數較多，所以輸入電流小，扭力較大，可搭配直徑較大的螺旋槳，低速飛行時效率較高；高 KV 值的馬達繞圈匝數較少，所以輸入電流高，轉速高扭力小，較適合搭配直徑較小的螺旋槳，高速飛行時效率較高。一般來說 1000KV 以下的馬達視爲低轉速，1000～2000KV 的馬達爲中轉速，2000KV 以上則爲高轉速。

　　舉例來說，有分別爲 450 級 1000KV 和 480 級 1000KV 的無刷馬達，其差別在相同轉速之下，所帶動的力量相差 1～2 倍，螺旋槳尺寸也不相同，例如兩架特技機分別裝配 450 級 1000KV 無刷馬達和 480 級 1000KV 無刷馬達，當飛機進行垂直爬升科目的時候 450 級的馬達垂直爬升速率較慢，480 級的馬達則是動力較充裕，且做飛行特技時動力較充足，由此可知馬達的等級差別在此。

　　此外，無刷馬達不能像有碳刷馬達一般，直接以可變電阻做動力大小的控制手段。需要以電子變速器(ESC)加以控制。在小型無人飛的應用上，電子變速器受遙控接收器或是飛行控制電腦的控制，用以調整馬達轉速。而無刷馬達所用電子變速器之原理是將鋰電池提供的直流電，透過脈波寬度調變的方式(PWM 方式)來達到調節馬達轉速的功效。

電子變速器按照其電子零件(MOSFET)能承受的最大電流來劃分級別，有 15A、30A、100A 等常見的電子變速器。值得注意的是，由於電子變速器在運作時會產生高溫，因此電子變速器的散熱也是動力系統安裝時重要的一個考慮環節，通常需要裝置在機體上通風良好的位置，並須注意適當的隔熱阻絕；某些大電流的電子變速器，甚至會使用外加的散熱風扇以達到降溫的效果，避免燒毀[3]。

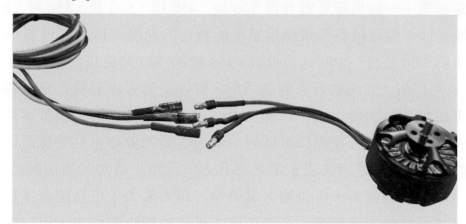

▲圖 3.6　電子變速器與馬達可隨意連接，若旋轉方向相反隨意兩條線互換即可

3-2　電池

電池在物理上的觀念與汽油類似，都可以看成能量貯存的媒介；電池釋放能量時將化學能轉換成電能，再由電動馬達將電能轉換成機械能。近年來得益於可攜帶式電子產品的發展，電池的儲能效率大幅增加，且成本亦快速降低，使電動飛機的發展快速，實用性也持續提升。

雖然與內燃機發動機相較，若以每公斤能量貯存的媒介包含的能量來看，汽油的能量密度為 13000wh/kg，而鋰聚化合物電池(Li-ion battery)的能量密度則僅約 200+ wh/kg，汽油的能量密度為鋰電池的數十幾倍，內燃機發動機的優勢顯而易見。但是由於電動馬達的能量轉換效率較高，而內燃機真

Reference

[3]　http://zh.wikipedia.org/wiki/%E9%81%99%E6%8E%A7%E9%A3%9B%E6%A9%9F#.E9.9B.BB.E5.AD.90.E8.AE.8A.E9.80.9F.E5.99.A8。

正傳導出來的能量僅約為 1700wh/kg，此時差距已大幅降低；因此再加上電動飛機在啟動與運作時之可靠度以及便利的程度等優勢(不需要啟動器、沒有污染、沒有震動，不會有燃油管線滲漏等優點，且固態電子的裝備可靠度遠高於內燃機、亦不太需要保養)，在中小型無人飛機的應用上，搭配鋰聚化合物電池的電動飛機已經是市面上的主流了。

▼表 3.1　常見的能量來源之能量密度比較

存儲形式	重量能量密度(MJ/kg)	容積能量密度(MJ/L)
核分裂(100%U235)用於核武	88,250,000	1,500,000,000
濃縮鈾(3.5%U235)用於核能發電	3,456,000	
鋰錳電池, Lithium-manganese	0.83-1.01	1.98-2.09
鋰離子電池	0.46-0.72	0.83-0.9
鹼性電池, Zinc-manganese(alkaline), long life design	0.4-0.59	1.15-1.43
車用鎳氫電池, Nickel metal hydride(NiMH),	0.250	0.493
鎳鎘電池, Nickel cadmium(NiCd)	0.14	1.08
一般乾電池, Zinc-Carbon	0.13	0.331
鉛酸電池, Lead acid	0.14	0.36
電容器, Capacitor	0.002[14]	
汽油	44	
柴油	38	

註 1：出處 http：//baike.baidu.com/view/495066.htm 及本研究整理

註 2：1kW·h=3.6MJ=3,600,000 焦耳=3.6 百萬焦耳

註 3：請注意這些數值為一大約相對之參考數值。確實數據應以個別廠商產品之規格為依據。

▼表 3.2　常見能源之能量密度表[4]

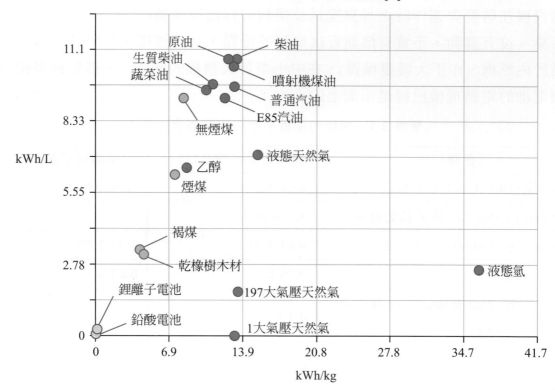

3-2.1　高放電、高容量電池

　　較為常見的無人飛機電池是鋰聚化合物電池，特殊材料與製程使它能有高效率充放電能力，能量、密度與放電功率都很高，也因此具相當的危險性。若內部短路、遭強烈撞擊或溫度過高會造成爆炸，燃燒的氣體具有毒性且會破壞環境；一般無人飛機用單一個裸片的電池電壓為 3.7V，如下圖 3.7 所示。應用較廣泛的小型無人飛機電池是 11.1 伏特，所以是由三片 3.7V 裸片串聯外表套上熱縮模而成一組輸出線路，簡稱為 3S1P，如下圖 3.8 所示，若某架飛機需要 22.2V 雙輸出線組的電池，就簡稱為 6S2P。

Reference

[4]　http://ourrenewablefuture.org/chapter-1/。

▲圖 3.7　電池裸片(3.7V)

▲圖 3.8　一般 11.1V 電池外觀

▲圖 3.9　熱縮膜

　　電池的規格也非常的多樣化，假設一電池規格為 11.1V 2200mah 30C，其中 mah 代表電容量、C 代表放電能力，此電池放電能力為 ah×C＝66A(安培)，當馬達搭配螺旋槳以全速量測電流值不得超過 66A，若超過則電池視為過載，使用壽命將受嚴重損害。因此建議無人飛機在測試動力系統時，需確實量測電流，以確保動力系統的運作性能。電流量測方法如下圖 3.10 所示，使用鉤表切至直流電電流檔，勾住正極或負極，將馬達固定完善後，油門從最低推至最高即可測量電流。

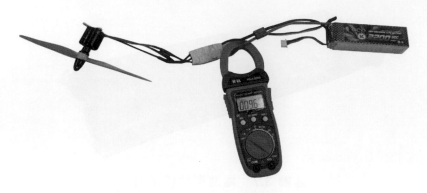

▲圖 3.10 鉤表測量電流

▼表 3.3 常見電池能量密度表[5]

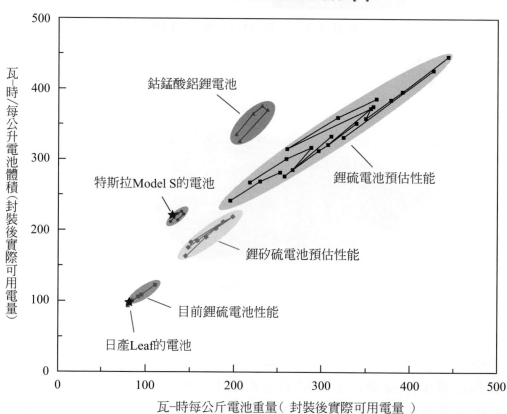

Reference

[5] http://jes.ecsdl.org/content/162/6/A982/F9.expansion.html。

▼表 3.3 常見電池能量密度表(續)[6]

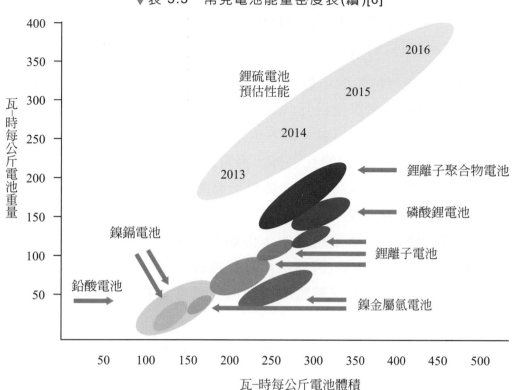

Design Box

讓我們來複習一下基本的物理

何謂功？何謂功率？

在物理上所說的功(work)，可以簡單說是不同物理系統間的能量的轉變。比方說，施力將物體抬高，就是將施力的機械能轉換為物體的位能，這個轉換的總量，就是在這個事件中所做的"功"；類似的原理也可以發生在其他系統間的轉換，例如啟動馬達時，是將電池中的化學能轉換為馬達的扭力及轉速，馬達產生的做功的能力，是馬達所做的"功"，根據能量不滅定律，也就是電池所提供的能量。

Reference

[6] http://gentleseas.blogspot.com/2015/06/li-s-or-lithium-sulfer-batteries-lsbs.html。

　　以機械能來說，定義是"力"乘上"沿力的方向作用的距離"。功的單位為 N-m，SI 制的單位即為焦耳(J)，亦即，對一物體施 1 牛頓的力使其發生 1 公尺位移所做的機械功的大小。

　　而功率，則是單位時間所做的功(能量)，也可以看成能量轉換或能量產生的速率，SI 制的功率單位為瓦(Watt)。以總能量除以時間，得到單位時間內所提供的"功"，即為功率，功率也是作功的速率。瓦(Watt)的定義為一焦耳每秒(J/s)。除了 SI 制的瓦之外，最常用的功率是馬力(hp)；一馬力定義為一分鐘將 550 磅的重物提高一英尺所需的功率，約等於 746 瓦。

　　舉例來說，一個人提一件重物爬一層樓，不論這人是慢慢的或是快跑上這層樓，對重物作的功是相等的；但如果考慮作功的速率，也就是"功率"時，由於所做的功相等(因為這件重物被提高了一層樓)，與慢慢上樓相較，快跑上樓是指這個人在較短的時間內對這件重物作相同大小的功，因此其功"率"較大。

　　功率與能量是常常被混淆的物理名詞。"功率"是指單位時間所產生或是消耗的"能量"。

　　舉例說明，點亮功率為 100W 的電燈泡一小時，所耗用的能量是 100watt hours(W．h)、0.1kilowatt hour、或 360kJ。相同大小的能量可以用來點亮 60W 的燈泡 1.33 小時，或是 50W 的燈泡 2 小時。

　　回歸到物理上計算的公式，功的定義是"力"乘上"沿力的方向作用的距離"

$$Work = F \times S$$

而功率，是單位時間的功，此時就變成"力"乘上"沿力的方向作用的距離"除以"時間"

$$W = Work/s = F \times S/s = F \times V$$

此時，可以變成"力"乘上"沿力的方向的速度"。

　　進一步考量到引擎或是馬達都是以"軸承轉動"的方式輸出動力，以"力"乘上"沿力的方向作用的距離"的觀念來說，就會變成"扭力"乘上"轉速"。因此，馬達或是引擎的輸出功率是其軸承的扭力及軸承角速度的乘積：

　　　　馬力 = 扭力 × 轉速

　　因此，以大家熟悉的汽車來說，提高馬力的辦法有兩種，一個是提高扭力，另一個是提高轉速。不過這中間有個陷阱，常常見到廣告說，這輛車很有力，可以在 8000rpm 時產生 100 匹馬力，不過，誰沒事會把自家的車子的引擎轉速催到 8000rpm 呢？更何況現在都是自排車，8000rpm 根本是不切實際的設定。因此，日常生活上扭力才是真正的重點。車輛業有種說法，"people buy horsepower but drive torque"，就是這個意思。

　　對電動小型無人飛機來說，飛機的動力通常是以電學的功率公式來計算：

　　　　$P = I \times V$

其中，P 是馬達的功率，在這邊的單位也是 W，此時就是安培×伏特；

　　　　I 是馬達的輸入電流(或是電池的輸出電流)
　　　　V 是馬達的輸入電壓(或是電池的輸出電壓)

　　飛機上儲存能量的電池的蓄電能力則是以 W·h 為單位。以一般的小型無人電動飛機來說，W·h 其實是一個太大的單位，常見的規格是 11.1V、2200mAh，是指能以 11.1V 的電壓，2200 毫安培的電流供電一小時；或是 22.2V、5000mAh，是指能以 22.2V 的電壓，5000 毫安培的電流供電一小時等等。

注意：1 毫安培(mA)是指 1×10^{-3} 安培的電流。常見的蘋果手機的電池規格大約是 iPhone 6 Plus：43 克重的電池，額定電壓為 3.82V，容量為 2,915mAh，iPhone 6 的電池容量為 1,810mAh；iPhone 5s 的電池容量為 1,560mAh。至於 hTC M7 手機的電池容量則為 2,300mAh。

保養良好使用正確的電池可以提供良好動力輸出與使用壽命。電池使用方法簡述如下：

1. 新電池需進行活化，以充電器將電量充飽，再以放電模式放至每個裸片 3.8V，過 30 分鐘再次充放電連續 5 次，此過程是為了讓新電池達到高效率輸出的效果。

2. 正常充電下，單一裸片飽和電壓為 4.2V，若發現經過很長一段時間充電電壓無法到達 4V 以上，則表示電池已屆壽限，必須更換裸片。

3. 正常放電下，電壓不得小於 3.7V，若小於 3.7V 代表過放會對電池造成損害，長時間不使用則以 3.8V 作為保存電壓。

至於電池之耗電量估算法，則在此舉例說明；假設一電池 11.1V 2200mah 30C，馬達搭配螺旋槳以全速運轉時測得的電流為 20A，則耗電量估算如式 3-1，帶入計算得得到 6.6 分鐘。

$$T = \frac{C \times S}{I} = \frac{電池容量 \times 時間(sec)}{電流} \qquad (3\text{-}1)$$

以上計算為全速時的估算值，實際上在飛行時因為有相對氣流與推收油門，電流會較靜推力時所測得的電流小，故可使用大略值 7～8 分鐘，雖然計算相當粗略，但實際應用上卻十分方便且電池單一裸片不會過放低於 3.7V。

✈ 3-2.2　低放電、低容量電池

通常運用在小型飛機、室內微型機、大型汽油引擎飛機供應電源等，較常見的有鋰電池、鋰鐵電池、鎳鎘電池，鋰電池如上述注重使用方法，鋰鐵電池、鎳鎘電池則電量充飽就能使用，沒電的時候再充電即可。

✈ 3-2.3　鋰電池的安全顧慮

鋰電池大量應用在無人飛機的主要原因之一是鋰電池的單位重量的能量密度夠高，可以在飛機能夠負荷的狀況下，攜帶足夠的鋰電池以維持飛機適當的續航力。然而鋰電池的高能量密度也使得鋰電池本身具一定程度的危險性。鋰電池常發生的危險包括：

1. 短路：短路會產生內部電流無限大，導致電池發熱，電解液氣化，甚至材料燃燒。
2. 過度充電：鋰電池內的鋰金屬析出於負極片表面，導致電解液裂解汽化，發生爆炸。
3. 過度放電：電壓小於 3 伏特，電極脫嵌過多鋰離子，導致晶格坍塌縮短壽命。
4. 老化現象：電池與放電次數並無關係，若負載較大電流高，使得電池溫度長期在中高溫使用下，內部阻抗會提高，因此充放電過程會明顯得知電池的衰退狀況。

為了提升電池的使用壽命，可做保護機制如下：
1. 保護電路：防止過充、過放、過載、過熱等智慧監控電路。
2. 排氣孔：加強電池使用時有良好的通風散熱效果。
3. 隔膜：加強抗穿刺強度，防止內部短路。[7]

3-2.4　鋰電池使用與保存

鋰電池最大的優點就是能量密度高，也因此產生有別於其他種類電池的安全顧慮，因此以正確適當的方式使用鋰電池是非常重要的。
1. 充電時不得高於最大充電電壓，放電時不得低於最小工作電壓。無論任何時間鋰離子電池都必須保持最小工作電壓以上，低電壓的過放或自放電反應會導致鋰離子活性物質分解破壞，造成電池的內部損壞，應避免經常過度放電、過度充電。
2. 可儲存於冰箱增加使用壽命；但注意要避免溫度過低，電池電解質溶液的冰點在-40℃。
3. 如果長期不用，建議以 40%～60%的充電量儲存(3.7 伏特)。電量過低時，可能因自放電導致過放；因此，存放不使用的鋰離子電池時，建議定期充電，以防止電池長期自放電致使電池低於最小工作電壓而老化。由於鋰離子電池不使用時也會自然衰老，購買時應根據實際需要量選購，不宜過多購入。[8]

Reference

[7] http://zh.wikipedia.org/wiki/%E9%8B%B0%E9%9B%A2%E5%AD%90%E9%9B%BB%E6%B1%A0。
[8] http://zh.wikipedia.org/wiki/%E9%8B%B0%E9%9B%A2%E5%AD%90%E9%9B%BB%E6%B1%A0。

3-3 內燃機

內燃機就是通稱的往復式引擎，運轉方式是類似車輛之發動機，以四行程或二行程方式將燃料之化學能轉變為機械能，動力強大且因燃油能量密度較高且儲存便利，因此容易以增加燃油攜行量的方式提升續航力。缺點是危險性高、較不環保、每次飛行完畢需全機檢查並擦拭機身上廢氣所排放出的潤滑油、需要寬闊的飛行場地以及基本知識；值得注意的是，因內燃引擎運轉會產生高頻震動，因此發動機座需有適當之避減震設計，且機體結構要夠穩固。

內燃機依作用原理可分 2 大類，分別是二衝程和四衝程。二衝程最大的優點就是進氣和壓縮同時進行，點火爆炸和排氣也同時進行，做功次數為四衝程的一倍，因此容易得到高轉速，馬力重量比也較高；缺點是低轉速時扭力較低，而由於二衝程混合燃燒的緣故，燃燒較不完全且燃料中混合了潤滑油，導致排放出黑煙較不環保，這也是近年來二衝程的機車漸漸淘汰掉改用較環保的四衝程引擎的原因。四衝程運轉原理是由進氣將空氣與燃料霧化、壓縮、點火爆炸、排氣四個動作分別完成，最大優點就是廢氣排放汙染較低、耐久性佳。

內燃引擎主要分為木精引擎和汽油引擎兩大類，其介紹如下：

1. 木精引擎：其主要燃料為木精，即工業用酒精，成分主要由蓖麻油或合成潤滑油作為潤滑用，再加入硝基甲烷 10～30%輔助燃燒，市售的模型用燃料百分比越高代表滑油比例越高，對引擎來說散熱效率越好。

2. 汽油引擎：其主要燃料為 92 無鉛汽油，在燃料加入油箱前必須加入適當的引擎專用機油，輔助引擎潤滑缸壁、曲軸箱正常運轉並可降低工作溫度。

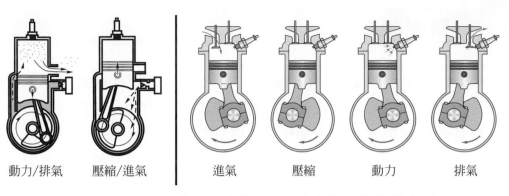

| 動力/排氣 | 壓縮/進氣 | 進氣 | 壓縮 | 動力 | 排氣 |

▲圖 3.11　左圖為二行程示意圖，右圖為四行程示意圖

3-3.1　木精引擎和汽油引擎級別定義[9]

市面上飛機引擎不管是木精引擎或是汽油引擎，都有非常多種規格，例如某架飛機原廠搭配木精引擎，通常木精引擎階級以級數為單位，若想改用較為經濟的汽油引擎，因汽油引擎以 cc 數 (排氣量)作為等級區分，必須將級數轉換成 cc 數；換算方式簡述如下；假設有一顆木精引擎為 91 級，其工作單位以立方英吋表示，即為 0.91 立方英吋，換算成公制毫升約 15cc。許多飛行參與

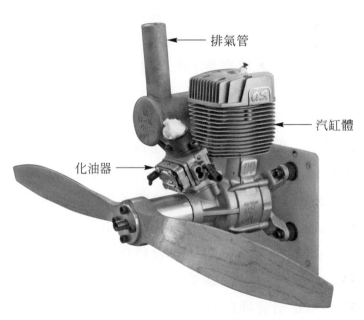

排氣管

汽缸體

化油器

▲圖 3.12　OS-GT55 引擎(55cc)

者粗略估算方式則是將級別除以 6 可得到排氣量。以 91 級為例，91 除以 6 等於 15.1cc，雖說稱不上精密正確，但在某些場合卻是十分快速便利的估算。

Reference

[9]　RC Mania 發動機級別定義– www.rcmania.hk。

3-4　螺旋槳

在英文中，螺旋槳是以 "propeller" 來表達，是指推進器的意思。螺旋槳可說是一種以風扇形式來將旋轉的動力轉換成推力的一種裝置。其物理運作的原理是藉由轉動有翼型的葉片，在螺旋槳前方與後方產生壓力差，以及產生將流體(在飛機上來說是指空氣)向後推動加速的作用與反作用力來產生推力。螺旋槳的物理原理可以用 Bernoulli's principle 及 Newton's third law 加以解釋。

螺旋槳的槳葉數與外型也是常常被討論的。一般來說，槳葉數較少的螺旋槳因為其槳葉間的相互干擾較少，因此整體效率較佳；另一方面螺旋槳的整體推力則與槳葉的掃過總面積有關(推力＝壓力差×面積)；此外，槳葉的旋轉也是飛機上噪音與振動的主要來源，因此槳葉數高的飛機其振動頻率較高較不易為人體察覺，噪音也比較容易被隔絕(因為高頻振動與噪音較容易衰退)。

因此最高效率的螺旋槳應該是葉片數目少且葉片為高展弦比的大直徑螺旋槳。但是大型螺旋槳在飛機構型與結構設計上會造成很嚴重的困難，且會有嚴重的噪音與振動；加上大型螺旋槳會有螺旋槳尖端超音速的問題(切線速度=角速度×半徑)，此時槳葉尖端附近的穿音速氣流的阻力會大幅增加；因此設計時在槳葉數及螺旋槳的直徑間，往往需要一些設計上的妥協。

此外，槳葉數增加時會降低每個槳葉所需要做的功，進一步限制局部馬赫數，這也會造成螺旋槳性能的顯著限制。一般來說，傳統螺旋槳勉強可以達到 0.6 倍音速的速度，更高的速度則將使得螺旋槳效率大幅降低，實際的應用很少見。而現代化高速飛機上配備了彎刀型槳葉，如空中巴士公司的 A400M、烏克蘭的 An-70 等等，除了減少噪音，也有高馬赫數性能的考量，實際應用上可達到 0.7～0.8 倍音速。

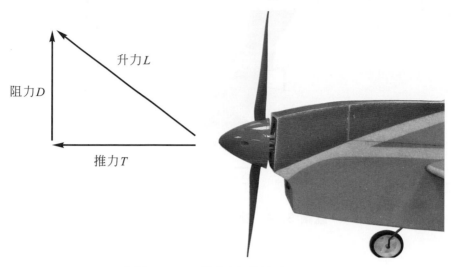

▲圖 3.13　螺旋槳運轉時三種力

　　一個設計良好的螺旋槳可以達到 80%以上的效率。葉片攻角會影響螺旋槳在不同空速時的效率，此角度又稱為螺距，螺距即為螺旋槳旋轉一圈所前進的距離。另外螺旋槳直徑與面積決定了推力產生的量，葉片的數量也能改變其推力，但缺點是會產生葉片之間的干涉效應使其效率降低，因此為了平衡螺旋槳在推力、螺距、葉片數等相互衝突的設計與操作需求，需要使用可變螺距的螺旋槳，其螺距可依飛機飛行狀態、空速、高度、環境與動力的輸出做適當的調整，達到最佳效能的平衡。

螺旋槳作用原理：

　　螺旋槳產生推力的作用原理大致上有兩部分。第一部分是螺旋槳本身的角度。在旋轉時會把空氣向後推出。另一部分則來是類似機翼的原理。螺旋槳的槳葉並不是平面的。槳葉本身有機翼翼型的剖面；螺旋槳的槳葉面向前方的表面弧度較大。面向後方的表面弧度較小。就像飛機的機翼一樣。這使螺旋槳葉在轉動時。會產生類似機翼穿過空氣的效果；槳葉面向前方的部分壓力較小。產生"升力"讓螺旋槳向前。

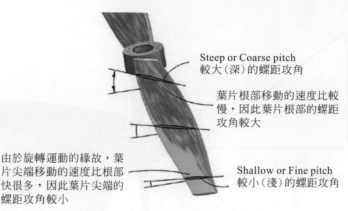

Steep or Coarse pitch
較大（深）的螺距攻角

葉片根部移動的速度比較
慢，因此葉片根部的螺距
攻角較大

由於旋轉運動的緣故，葉
片尖端移動的速度比根部
快很多，因此葉片尖端的
螺距攻角較小

Shallow or Fine pitch
較小（淺）的螺距攻角

▲圖 3.14　螺旋槳的作用原理

Diameter：直徑
Dropl：螺旋槳　　　Prop Definitions
Pitch：螺距

一個完全合乎理論的螺旋槳
轉動一圈索前進的距離，
即為 ﹁螺距﹂

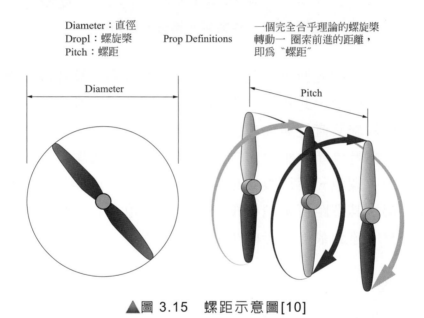

Diameter

Pitch

▲圖 3.15　螺距示意圖[10]

　　一般大型螺旋槳飛機都使用可變螺距螺旋槳，因大型飛機螺旋槳旋轉直徑大，固定螺距螺旋槳無法在不同的空速與負載下得到良好的妥協設計，導致效率較低。此外，由於轉動慣量的原因，大型發動機轉速不易變化，在推力控制上較難以掌握；因此操作時將螺旋槳轉速固定(Constant Speed)，藉由可變螺距的方式，改變其推力設定，並配合空速調整至最適當之螺距，使飛機能以最有效率的方式飛行。

Reference

[10] 螺旋槳螺距示意圖 - Google。

Design Box

螺距速度

螺距，爲螺旋槳旋轉一圈所前進的距離。

螺旋槳前進的軌跡

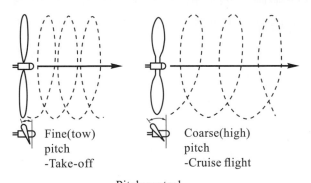

Fine(tow)
pitch
-Take-off

Coarse(high)
pitch
-Cruise flight

Pitch control

螺旋槳尖端的軌跡可代表其螺距速度[11]

　　在螺旋槳飛機的世界裡，"螺距速度"大概是除了基本空氣動力學外型與發動機出力之外，影響性能最主要的因素之一。

　　螺距速度就是螺旋槳的螺距×轉速

　　理論上來說，螺距速度就是飛機的物理理論極速。當飛機的空速等於螺旋槳的螺距速度時，螺旋槳完美的切穿空氣，而不會將空氣向後推，此時，螺旋槳的推力就是"零"；此時飛機無法再行加速(因爲沒有推力)，於是螺距速度就是飛機的物理理論極速。

Reference

[11] Introduction to the Aerodynamics of Flight by NASA-NASA SP-367，
　　http://bbs.tianya.cn/post-free-3530948-1.shtml, Photo by Tommy Song。

> 　　不過，是否有可能超過這個物理理論極速呢？還是有機會的。
> 1.　飛機大角度俯衝。
> 2.　在"更理想"的狀態下，由於螺旋槳的翼型在有空速(亦即旋轉時)是具有升力的，若飛機的阻力夠小(小於這個升力)，這時就產生了超過螺距速度的機會。

　　另外螺旋槳的轉速也不能太高，螺旋槳旋轉時因槳葉尖端較根部速度為快，因此在高轉速下較容易因離心力或慣性作用力產生變形。此外，槳葉尖端切線速度不能過於接近音速(馬赫數 0.6)，因旋轉速度形成的空氣壓縮效應越發明顯，會降低螺旋槳的效率並減少推力。

　　小型無人飛機中較為常見的螺旋槳材質有塑膠槳、木槳和碳纖維槳；塑膠槳價格較低，製作準確，因此接受度高，缺點是材質偏軟；木槳價位會比塑膠槳來得高一點，優點是材質較硬；碳纖維槳價位比前面兩者來得高且材質更加堅固，部分碳纖維槳內部使用硬木，外層包覆碳纖維材料。

　　螺旋槳選擇主要須考慮槳距、螺距以及葉片數等幾個主要參數；如圖 3.17 所示，A 的長度就是槳距，主要以英制尺寸為單位；例如：標示為 8×6 的螺旋槳，其槳距就是 8 吋螺旋槳；B 的部分所呈現的夾角稱為螺距，螺旋槳旋轉一圈飛行物體所前進的一段距離稱為螺距，如上所提到的 8×6，6 就表示是為螺距。

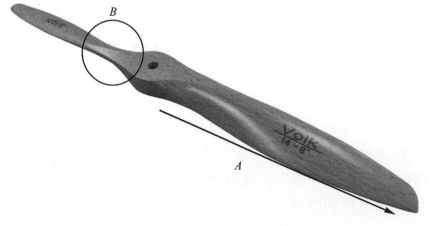

▲圖 3.17　螺旋槳示意圖

市面上的螺旋槳非常的多樣化，選擇適當的螺旋槳對飛機性能影響很大：

1. 例如特技飛行用無人飛機，任務需求是做出許多花式動作以及垂直爬升或懸停等，但是不需要高速飛行性能；因此需要高扭力的動力來源，搭配使用大槳距低螺距的螺旋槳，藉此在不追求高速性能的前提下提升扭力，此時使用槳距尺寸較大的螺旋槳必須搭配較低轉速規格的馬達。

2. 若設計競速飛機，則與特技機相反。高速飛行時需要高轉速，必須搭配短槳距高螺距規格的螺旋槳。由於馬達轉速較高所以螺旋槳的槳距不能太大，而高螺距乘上高轉速，得到很高的螺距速度，可在高速飛行時，依然產生足夠推力。

以下為螺旋槳推力計算網站，可輸入螺旋槳規格，螺旋槳轉速及飛機高度後，得到推力值給各位讀者參考。

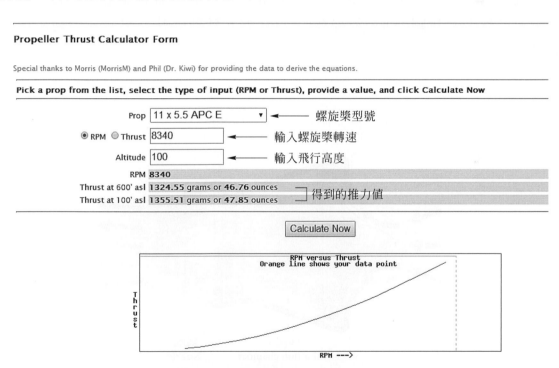

▲ 圖 3.18　螺旋槳推力計算網站[12]

Reference

[12] http://www.gobrushless.com/testing/thrust_calculator.php?prop=50&rb1=1&Value=8340&Altitude=100&submit=Calculate+Now。

3-5 渦輪噴射引擎

　　渦輪噴射引擎的推進原理是將前方的空氣吸入後進入壓縮段，把空氣壓縮數倍後進入到燃燒段，燃燒段會將燃油霧化與空氣混合後點火，此時產生爆炸與超高壓力形成高壓膨脹的氣體往排氣段噴射排出，藉此力量推進，廣義來說噴射引擎也是典型 "進-壓-動-排" 的四衝程作動；無人飛機用的小型噴射引擎主要使用的燃油為煤油，操作時必須加入潤滑機油，比例為 10 公升加入 500cc 的潤滑機油。

　　典型的渦輪噴射引擎可分為離心式與軸流式兩類，主要是以壓縮機的形式來區分。離心式壓縮機的工作效率較高，對材料的要求亦較低，在使用時對飛機進氣的品質要求亦較低，因此早期許多小型發動機都是以離心式渦輪噴射引擎為主。我國 AT-3 教練機的 TFE-731 發動機就是離心式渦輪風扇噴射引擎。

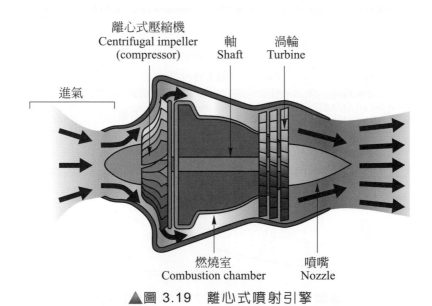

▲圖 3.19　離心式噴射引擎

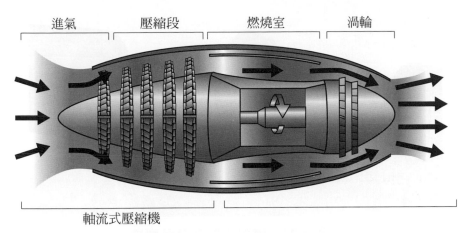

進氣　　　壓縮段　　　燃燒室　　　渦輪

軸流式壓縮機

▲圖 3.20　　軸流式噴射引擎

　　然而軸流式噴射引擎對大量氣流的處理能力較佳，也較容易提升推力，因此在冶金技術以及空氣動力學技術大幅提升後，目前絕大多數的噴射引擎都是採用軸流式的構型。值得注意的是，由於空氣動力學的原因，越小型的渦輪噴射引擎的轉速越高，效率越低，製造越困難，這也是小型無人飛機使用的渦輪噴射引擎直至近幾年才較為普及的原因；即便如此，平均僅 25 小時的翻修間隔以及動輒超過 10 萬轉的超高轉速，依然使小型渦輪噴射引擎的技術與資金門檻高而不易普及。

　　無人飛機用的小型噴射引擎形狀為圓柱筒狀，依形狀大小通常有固定環束住噴射引擎外框，束環再固定於機身內部。機身內部將進氣管與排氣管安完畢後再牽引油路與線路。固定束環為目前主流固定方式，除了固定於機身也可固定於試車台測試噴射引擎。

　　無人飛機用的小型噴射引擎的壓縮段一般使用離心式壓縮機設計。雖然處理大量氣流的能力較低，但是構造相對簡單且效率高，對進氣氣流的平順程度之要求亦較低，因此符合小型無人飛機使用。

　　另一方面，即使是使用噴射引擎的小型無人飛機之空速依然不高，因此一般設計上並不需要類似真正大型飛機推進系統之進氣道設計，典型之小型無人飛機噴射引擎安裝配置可參考圖 3.22，可以看出其無進氣道之設計方式。

　　一般來說，小型無人飛機用噴射引擎單價較高，由於噴射引擎運轉速度極高，對於工作溫度與運轉需要較精密的監控，為了確保飛行過程穩定性與安全性，需要較資深的技術人員協同調教與使用。

▲圖 3.21　噴射引擎外觀示意圖

　　由於空氣動力學的進展以及機械加工技術的進步，小型渦輪發動機的可靠度提升，價格也逐漸降低。因此私人擁有噴射無人飛行載具已經不再是遙不可及的夢想了。然而噴射無人飛行載具的機體較大，速度也較電動馬達動力或內燃機動力的飛機快上許多，加上渦輪發動機的耗油率較高，普遍噴射無人飛行載具的燃油攜帶量也較高，因此若發生意外，其潛在的危險性也遠較其他種類飛機為大。因此在場地的選擇以及噴射無人飛行載具的整備上，亦須要特別留意。另外市面上容易購得的噴射引擎如 JetCat Turbine、ATJ Turbine、King Tech 等，其中 King Tech 為台灣市佔率較高之廠牌。

▲圖 3.22　噴射引擎固定於機身內部

台版 911，燕子湖事件

　　由於材料與空氣動力學技術的進步，小型噴射發動機也逐漸突破技術上的瓶頸，不但效能提高，且售價也逐漸降低至民間無人飛行載具甚或是高階遙控飛機玩家可以負擔的範圍，加上渦輪噴射引擎不論是動力輸出或是飛行時的聲浪等等，都與真正飛機非常類似，也因此吸引部份資源雄厚的玩家；但是，大型高速化的噴射無人飛行載具，一旦失事，其危險性與危害性也就大幅提高。

　　傳說中，若干年前在新北市新店區的燕子湖就曾經發生過這樣的案件，一位噴射機的玩家不慎將其大型噴射無人飛行載具撞入湖畔的住宅中，高速飛機挾其巨大的撞擊力量撞進屋內，而機上攜帶的燃油(由於小型噴射引擎效率低，相當耗油，例如 8 公斤推力的小型噴射引擎耗油率可達每分鐘 500cc，因此攜油量不低)則引燃火勢燒毀整戶的裝潢。具未經證實的小道消息指出，這位倒楣的機主賠償了近千萬台幣給這位無辜的屋主。

Unmanned Aerial Vehicle

Chapter **4**

無人飛機飛行控制

飛機飛行時主要由三軸達成飛行控制與運動，為俯仰軸(Pitch axis)、滾轉軸(Roll axis)、偏航軸(Yaw axis)，如下圖 4.1 所示。其控制方式主要藉由改變各類飛操面的攻角，改變氣流的方向的反作用力來提供控制力；分別由升降舵操控俯仰軸、副翼操控滾轉軸、方向舵操控偏航軸。以下將介紹如何改變這三種運動軸以及控制方式。

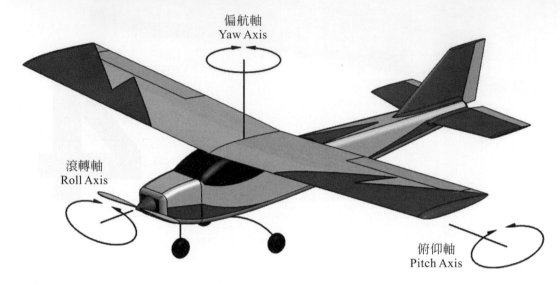

▲圖 4.1　飛行的三個軸[1]

4-1　飛操面

飛操面亦稱為飛行控制舵面，一般飛機的飛操面包含有副翼、襟翼、升降舵、方向舵等，可上下或左右作動來控制飛機的動向，如圖 4.2 所示。

Reference
[1]　基本飛行控制介紹網頁，http://controlfreaksrc.com/basics-of-flight/

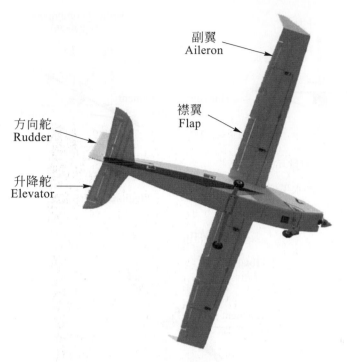

▲圖 4.2　飛操面示意圖

1.　副翼：

　　　副翼主要用來控制飛機的滾轉，當要進行往左邊滾轉時，以飛機尾翼往機鼻的方向看，左副翼向上作動，右副翼向下作動，如圖 4.3 所示；往右邊滾轉時，左副翼向下作動，右副翼向上作動；其原理是，因為右副翼往下作動，形成攻角產生額外的升力將右機翼抬起，左副翼向上作動，產生負的攻角於是將左翼往下壓，飛機就往左邊滾轉了。

　　　此外，藉由改變飛機滾轉的角度，可以讓飛機轉彎，這也是飛機轉彎的主要控制方式。值得注意的是，飛機轉彎原則上是由副翼控制的，並非一般想像由方向舵面控制。

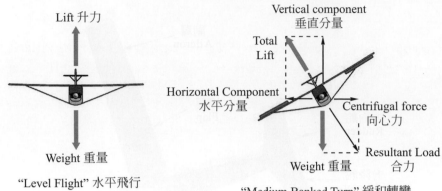

Lift 升力

Weight 重量

"Level Flight" 水平飛行

Vertical component
垂直分量

Total
Lift

Horizontal Component
水平分量

Centrifugal force
向心力

Resultant Load
合力

Weight 重量

"Medium Banked Turn" 緩和轉彎

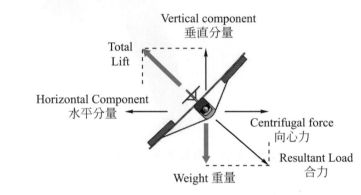

Vertical component
垂直分量

Total
Lift

Horizontal Component
水平分量

Centrifugal force
向心力

Resultant Load
合力

Weight 重量

"Steep Banked Turn" 急轉彎

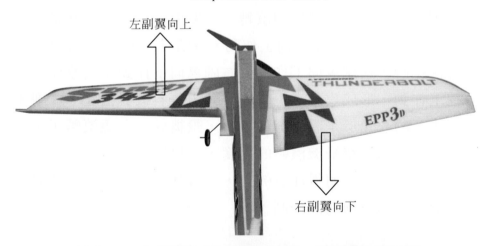

左副翼向上

右副翼向下

▲圖 4.3　左滾轉:左副翼向上偏轉、右副翼向下偏轉

2.　襟翼：

　　襟翼是飛機上主要的高升力裝置，可以分為前緣襟翼(slat)以及後緣襟翼(flap)。主要的功能是幫助飛機在低速時提高升力以維持飛機飛行，副作用是會增加阻力。當飛機起飛的時候需要較大的升力時，偏轉一小

角度放下襟翼，使機翼產生比原本要大的升力，輔助飛機起飛；當飛機要降落時，偏轉一較大角度放下襟翼，此時升力大，阻力也會變大，藉此可在維持足夠升力的前提下降低空速，可使飛機較容易降落。如下圖 4.4 所示，一般機翼若不使用襟翼，如圖最下面曲線顯示，機翼失速前的升力係數為 1.5，中間的曲線為使用襟翼的狀態下升力系數為 2.4，最上面的曲線為前襟翼與襟翼同時使用狀態下升力系數可增加至 3.3。平直翼中低速飛機通常不需要 slat。

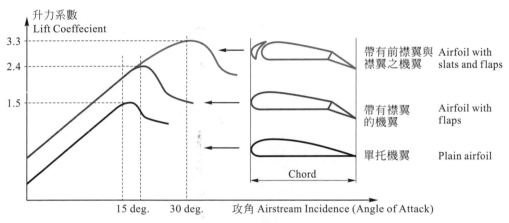

▲圖 4.4　襟翼輔助升力系統示意圖[2]

3.　升降舵：

　　升降舵主要的作用是做俯仰的控制，通常噴射客機、運輸機、遙控練習機等不需要太大動作的飛機升降舵控制面積較小；戰鬥機、特技機、遙控 3D 機等需要靈活動作的飛機升降舵控制面較大且行程量也很大，如圖 4.5 所示。

▲圖 4.5　特技機的升降舵，可以看到控制面很大，行程量也很大

Reference

[2]　國外飛機設計介紹網頁，http://www.zenithair.com/stolch801/design/design.html

4. 方向舵：

　　方向舵的主要功能是控制飛機的偏航運動，以及作爲多發動機飛機單側發動機失效時的補償之用，如下圖 4.6 所示。例如一架客機要降落於機場，當對準跑道要落地時吹起側風，此時機鼻向右微偏與跑道成一夾角，這個情況下必須使用方向舵往左方向偏轉輔助飛機正對跑道降落。

　　但是方向舵在一般飛行操作上並不用作方向控制之用，飛機轉彎基本上是以副翼控制，方向舵在一般飛行操作上主要用來作爲配平或是補償側風、補償單側發動機關俥之推力不平均之用。因此在許多小型的單發動機無人飛機設計上，方向舵的設置往往不是非常必要的。

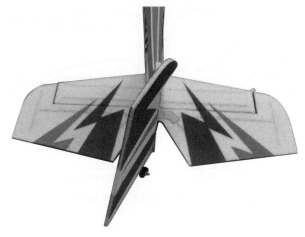

▲圖 4.6　方向舵

4-2　UAV 遙控器簡介

　　遙控器基礎飛行操作如下圖 4.7 所示。市面上常見的遙控器廠牌有 JR、Futaba、Spektrum 等廠牌。一般來說遙控器內會有一發射晶體的模組，該模組必須跟接收機配對才能相互溝通。遙控器又有工作頻率與控制的 Channel 的分別；早期常見的工作頻率爲 72MHz，但是頻寬不足亦常有相互干擾問題，致使在同一場地往往不能有超過一個遙控器的運作；目前普遍使用的遙控器工作頻率是 2.4GHz，與 72MHz 相較，信號較穩定，且採用自動跳頻技術可以避免相互干擾問題。

2.4GHz 遙控器大都使用展頻(Spread Spectrum, SS)的技術。簡單來說，展頻就是把發射的遙控訊號分散在不同的頻率上傳輸，如此一來較不易受到附近發射機的特定頻率的干擾，因此可用較小的發射功率即可得到良好的傳輸品質，所以 2.4G 遙控器內電池使用的電壓都比 72MHz 遙控器的電壓低，也比較省電。

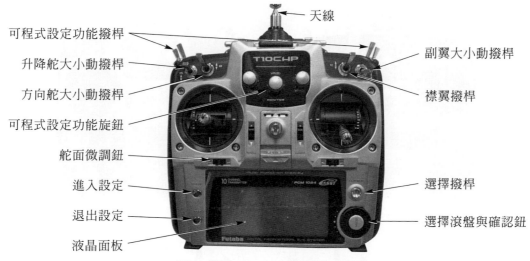

可程式設定功能撥桿
升降舵大小動撥桿
方向舵大小動撥桿
可程式設定功能旋鈕
舵面微調鈕
進入設定
退出設定
液晶面板

天線
副翼大小動撥桿
襟翼撥桿
選擇撥桿
選擇滾盤與確認鈕

▲圖 4.7　Futaba 10C 遙控器操作儀表介面

本節以 Futaba 10C 十動遙控器說明遙控器基礎飛行操作。Futaba 10C 十動遙控器屬於較高階的遙控器，內部有微電腦處理器可進行可程式化設定。由於不同的無人飛機機型都有不同的性能與控制模式，所以可藉由可程式化設定專屬每一機型的動作、行程量、混控等設定；如此一來，就可以僅準備一個搖控器，不需要為每一架飛機購買專屬搖控器。

如上圖 4.7，遙控器下半部為操作按鈕，輸入、設定等功能，液晶螢幕能顯示出目前設定的資訊；副翼、升降舵、方向舵等撥桿為兩段式開關，使用者可自行設定兩種翼面行程量，例如大動作為 100%，若使用者感覺飛機飛行性能略為靈敏，可設定成小動約 80%，依不同機型的性能不同可設定適合的動作量；襟翼撥桿可作為控制收放襟翼或是收放起落架等功能;其他撥桿或旋鈕是作為較複雜的飛機使用，例如混控、開啟炸彈艙、飛行閃爍警示燈等可程式設定。

　　至於遙控器操作儀表介面一般分為美國手與日本手如下圖 4.8 所示，美國手的設置類似一般飛機右手操縱桿、左手油門的配置方式，左邊上下撥桿為油門；相反的右邊上下撥桿為日本手，通常做複雜的飛機或直升機、3D 花式特技等美國手較容易，但也沒有普遍接受的規定，因此可依照個人的慣用手來使用。

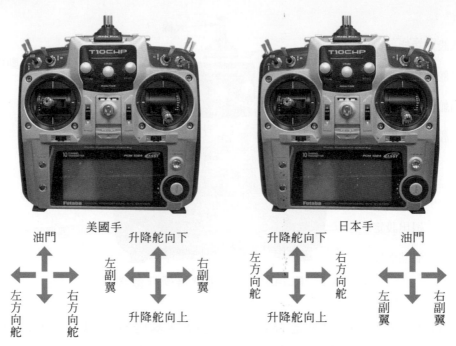

▲圖 4.8　美國手與日本手區分

4-3　基礎飛行操作

　　一架飛機完成一完整的飛行流程必須經歷起飛、爬升、平飛、任務、進場、落地之流程，以下介紹無人飛機飛行的基本程序：

1. 起飛：

　　　　前面有提到起飛前必須做量測電流，電池是否超載、電子變速器是否過載等問題，確認完畢之後接著要確認重心，重心的部分會在後文作介紹，還有一點很重要就是起飛前一定要檢查控制面、連桿安裝是否有脫落、控制面呈置中點；場地選擇也很重要，主要有以下幾點必須注意：

(1) 背對太陽，防刺眼。

(2) 跑道長度至少 100 公尺，寬度 4～6 公尺。

(3) 周邊障礙物不得過多，例如高樓、路燈、吊車、風箏、高樹、車潮人多的地方等。

(4) 假設人站在跑道上，前後不得有障礙物，若後方有樹前方空曠，則避免飛機航向後方。

(5) 風向盡量與跑道呈平行方向，以逆風起飛降落。

(6) 有其他飛行參與者須向前詢問遙控器頻率是否相同，若相同則與他人協調飛行時段避免衝頻。完成以上動作後準備起飛，至起飛跑道頭以低速油門漸漸推至全油門，當飛機微微浮起時代表空速已慢慢建立，通常較重的飛機需較長的時間提高空速，空速建立後即可微帶升舵以 15～30 度角爬升。

2. 爬升：

　　若飛機的推重比較小，較容易失速，則起飛攻角不能太大，這種姿態最大的優點就是具有動力爬升的穩定性，爬升角越小穩定性越好；若推重比較大則幾乎可以垂直爬升，推力大於阻力與重力時完全不需要機翼的升力，此時俯仰角可以很大。以現在的無刷馬達技術推力不是問題，優點是能夠充分利用動力裝置的能量，迅速建立飛行高度，缺點是這種爬升方式處於不穩定範圍，爬升軌跡變幻莫測，操控起來較困難，所以起飛時柔和爬升是較為穩定的流程。

3. 平飛：

　　爬升至適當高度(約 150～200 公尺安全航高)，即可收至 50%油門巡航，油門收放依照飛機性能而定，若機體質量較大翼面負荷高，應盡量以微小的動作量巡航，因為重量較重之飛機空速較低，每一個翼面的動作會使機翼的阻力係數提高，使得飛機接近失速邊緣，所以飛機應當緩和穩定飛行。若機體質量輕翼面負荷小，即可以較小的動力巡航減少能源損耗。

4. 任務：

　　以無人飛機作為學術研究等，執行目標與任務非常的多樣化，例如近年來發展蓬勃的無人自主導航、航拍、空中偵測大氣數據、偵測磁場、載運感測器測試等，通常載有感測器元件的設備飛機飛行時必須要非常穩定。以上面的例子來說，當飛機達到巡航高度會等待地面監控站上傳指令至飛機，完成之後切入自動導航模式，1～3分鐘內目視判別飛機是否有異樣，與地面監控站交叉比對無誤之後即可進行無人飛機任務；整體來說飛機設計與構型應以任務需求做為設計核心。簡單來說就是任務需求→選擇飛機形式、機體尺寸→飛行模式。

5. 進場：

　　飛機繞場盤旋時通常用五邊飛行來描述飛行狀態，如下圖 4.9 所示。進場準備降落時，油門控制在巡航高度的油門位置以下(約 30～40% 油門)，使飛機漸漸降低高度，到第三邊飛行時操作員就要判別高度是否符合進場條件，若高度太高得加油門重新繞場重飛，若操作員判別高度適當就可以進行第四邊準備進入第五邊，第五邊的飛行得全收油門或是降到慢車狀態利用氣動剎車降低空速，較大型的飛機則可放下襟翼，提高機翼升力，幫助飛機降落更穩定然後對準跑道中心。

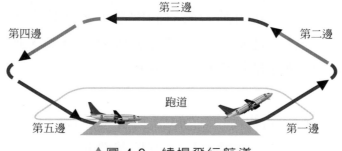

▲圖 4.9　繞場飛行航道

6. 落地：

　　落地為最困難的科目之一，當飛機進入第五邊時操作員即需正確判斷是否空速過快或是側風強大使得飛機不穩定，僅短短數秒間即須決定是否重飛。若決定降落則需正對跑道，在接近地面時微帶升舵(flare)，使飛機稍呈現機鼻向上直到主輪先觸地，觸地時繼續帶桿拉升舵，使機身保持高攻角，利用高攻角空氣阻力較大做空氣剎車，力量消耗至鼻輪觸地後飛機的地速會慢慢減速至零，即完成降落程序。

Chapter **5**

飛機結構受力傳導與材料力學

　　飛機除了前面所提到的推力、升力、阻力、重力之外，在空中飛行時亦受許多不同來源應力的同時作用，本章將介紹最常見的力並描述該如何對應到飛機之結構受力傳導。

 Design Box

　　飛機結構設計上的主要考慮因素，是如何在最輕的結構重量的前提下，維持飛機的空氣動力學外型以及結構的完整性。由於飛機必須要有特定的空氣動力學外型，飛機才能正常或是有效率的飛行，因此飛機設計時是以可容許的應變(Strain)限制來設計的，並不是一般結構體常用的應力(Stress)強度限制。

　　白話一點來說，就是飛機結構設計時，光考慮結構沒有斷掉是不夠的，畢竟機翼必須要維持機翼的外型與適當的攻角，飛機才能正常的飛行。因此飛機設計時必須要以可容許的應變(Strain)限制來設計，以維持「特定的空氣動力學外型」。在確保空氣動力學外型之後，**進一步才是從結構力學與材料力學的觀點，考慮飛機的結構配置與所需要的最小強度(亦即最低重量)。**

Design Box

　　飛機結構設計時應回歸到「結構設計」的本質，也就是各種受力的支撐與分配。

　　由於整架飛機在飛行時可以視為一個 free-free 的樑，因此回到最基本的受力來考慮時，飛機的機身可以看成是以機翼為支撐，而兩端皆擔負重量的樑。飛機飛行時，大部分的飛機設計之機身本身並不產生升力，升力是由機翼產生的。因此整個結構設計的重點，就是如何將機翼產生的升力，適當的傳遞到機身上。

　　另外，發動機座的設計重點則是如何傳遞推力到整架飛機上，並適當的吸收發動機產生的各種震動等等；起落架的設計則是如何妥善安排力量的傳遞，讓飛機在降落時的衝擊力量能平均分配到整個機體上。

　　現代化民航機在效率上的極度追求，也可以從結構的配置上看出。大部分現代化民航機將起落架置於機翼下方，因此可共用翼樑的受力結構，如此可減輕重量，並縮短起落架長度以進一步減輕重量；發動機置於翼下，亦是充分利用翼樑的受力結構以節省結構重量的普遍做法。

Pilot View

　　在設計飛機時，在可接受(或是忍受)的情形下，結構工程師往往把飛機設計得比較 "軟"，如此可減輕重量並提升飛機的疲勞壽命，大型民航機的機翼設計往往就具備一定程度的彈性。

　　但是太長太軟的機翼，雖然結構效率與空氣動力學效率都較高，但是卻會使得 "flutter" 的問題變嚴重，不利於飛機機動飛行。在小型無人飛行載具設計上，強度足夠但是剛性不足的設計往往使得操作者難以有足夠的控制力來控制飛機，因此需適當的避免太過度 "柔軟" 的結構設計，特別是機翼結構設計。

5-1　機翼受力

　　當機翼產生升力時，可以把整架飛機往上抬升，由於機身有重量且左右翼具有升力，會產生一向上的力矩，如圖 5.1 所示，高展弦比飛機如滑翔機或長程大型客機，飛行時可以觀察到機翼明顯向上彎曲；而為了在最小重量的前提下維持機翼結構完整性，無人飛機常使用木質翼樑、航空夾板翼樑、碳纖棒、A 字形結構等等作為翼樑結構，並依需要做適當之補強，如圖 5.2 及圖 5.3 所示。

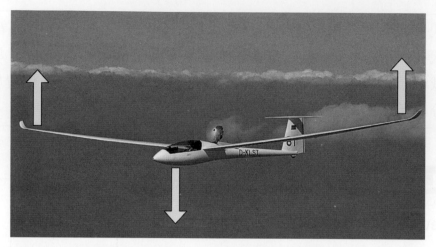

▲圖 5.1　機翼升力與機身重力示意圖[24]

▲圖 5.2　A字形航空夾板翼梁
(A字結構頂端中間圈處需強化連結機構以增加結構強度)

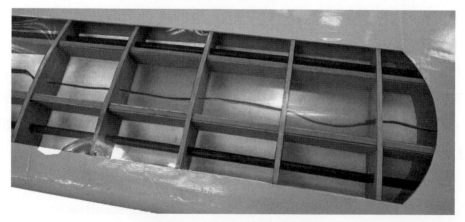

▲圖 5.3　木質翼梁與碳纖棒

　　為維持結構強度與完整性，翼樑設計與製造時盡量以一體成形、全翼貫穿為設計與製造原則，**任何搭接或是不連續的結構設計都會降低結構效率，產生結構弱點並增加不必要的重量。**

　　此外，主翼之翼樑可以視飛機的大小與用途，以及翼弦的長短，而有一根、兩根甚或是三根翼樑等不同之設計。一般來說，較小型的無人飛機，可以簡單使用一根翼樑來做為主翼結構支撐，但是越大型的飛機所需之翼樑結構要求越大，一般以前後配置兩根翼樑來設計。大部分大型民航客機之機翼翼樑設計就是以前後兩根翼樑搭配翼肋，組合成為 Wingbox 的結構，加上機翼蒙皮與前後緣裝備(如襟翼、副翼、擾流板、減速板、前緣襟翼等)，而成為一個完整的機翼結構。

　　翼樑之位置則以升力中心為配置基準；由於一般來說，機翼之升力中心約略位於整體翼弦由前緣算起的 1/3 處，因此結構上可以將翼樑置於機翼升力中心線上，如此可以由主翼翼樑直接承受大部分的升力，而不至於產生額外之俯仰內力力矩。

　　若設計時安置兩根翼樑，則強度較高之主要翼樑可置於整體翼弦前方(可置於由前緣算起的 1/4 處)，用以在較靠近機翼之升力中心處承擔主要的機翼升力；強度較低之次要翼樑則可置於整體翼弦由前緣算起的 2/3 處，作為升力傳遞之輔助結構，並可以藉由其提供額外的剛性(亦即較小的應變，Strain)，讓飛操面如襟翼、副翼、擾流板、減速板等，有一個結構上的支撐，以避免在飛操面操作時由於其所帶來的空氣動力負荷而產生額外的變形。

5-2 尾翼受力

　　水平尾翼的受力方式與機翼類似,許多小型無人飛行載具的水平尾翼並不考慮翼型;一般製作方法爲整片式的巴爾沙木或珍珠板埋入碳纖棒做補強;垂直尾翼的補強方法如同水平尾翼,如圖 5.4 所示能看見翼面裡所埋置的碳纖棒。

(a) 水平尾翼補強示意圖

補強用之碳纖片

(b) 垂直尾翼補強示意圖

▲圖 5.4

5-3 機身受力

　　以飛機設計的觀點來說,機翼是飛機設計的核心,we design the aircraft around the wing。理論上來說,沒有機身的飛翼設計是效率最高的;但是以執行任務的觀點而言,機身是執行飛機任務的地方,舉凡大型運輸類別飛機需要機身以容納乘客及貨物,或是無人飛機需要機身以容納各類感測器及籌載等任務設備等等,因此一般來說適當的機身空間配置通常是必要的。

　　進一步以飛機飛行力學的觀點來說,機身是匯集飛機必要裝備(如燃油、電池、飛控等)、任務酬載、發動機推力、尾翼之飛行操作受力與機翼的升力的結構裝置,因此除了配合飛機任務需求所需要的酬載空間外,考量重心配置與氣動力需求,適當的外型與大小也是必要的考慮因素。

5-3.1　機尾長度

在小型無人飛機設計上，對初學者來說最感困擾的議題之一，就是機身長度的選擇。一般來說，任務籌載往往置於機身中段重心附近，以求其相對穩定的運動及一旦發生事故時，高單價任務籌載設備的生存性；而機身尾段往往僅做為一個支撐尾翼的結構。

以空氣動力及飛行操作與配平的觀點來說，機尾結構越長，則提供給尾翼的力臂越長，此時需要搭配的尾翼面積可以較小，其結果通常導致飛機的阻力較小(因為尾翼面積變小)，但是結構重量增加(因為飛機會變長)；反之若機尾結構較短，則此時提供給尾翼的力臂較短，需要搭配的尾翼面積將要增加，其優點是飛機的結構重量降低(因為飛機較短)，但是會導致飛機的阻力增加(因為尾翼面積變大)。相關的討論將進一步在"第七章無人飛行載具設計基礎比例"中，提供符合一般經驗法則之設計參考資料。

5-3.2　機身構型

以無人飛機來說，由於其並無裝載人員之需求，因此傳統上類似大型飛機的圓柱型或是箱型的機艙結構並不一定是必要的。很多無人飛機設計者會直覺地受到大型飛機的設計概念的局限，設計出來的無人飛機固然造型優美，飛行效率優良，但是成本高且製造不易。因此若能直接跳脫仿效大型飛機設計上的限制，回歸到"飛行的本質"來進行設計，則許多低成本的簡易構型就容易脫穎而出了。

此外，由於新一代的鋰電池與無刷馬達在功率上的長足進步，使得電動中大型無人飛行載具已變得可行，而電動動力系統安裝時，由於不需要考慮燃油消耗的重心問題，以及發動機進氣的問題，因此限制遠較內然引擎為少，也可以以更具效率之方式安裝。

例如以色列 IAI 公司設計的 Skylark (參考圖 5.6)就是個例子。其設計以單一碳纖維管材作為機身，而將飛行操作與控制以及任務酬載等裝備以外掛酬載艙的模組化設計置於機身下方，另外機翼下方的掛載點也可以附加額外的酬載以提升任務彈性，可搭配高性能光學追蹤攝影器材，Skylark 在中東衝突之實戰紀錄成果豐碩，也得到多國軍方的採用。

　　另外如圖 5.5，則是採用後推式發動機設計的做法，以求盡量減少內燃引擎對光學酬載與遙測任務的干擾。圖 5.6～5.9 提供一些無人飛行載具的實例，有比較傳統的構型，也有一些非傳統的構型。

▲圖 5.5　台灣經緯公司的 Arrow55 無人飛行載具

▲圖 5.6　Skylark 無人飛行載具構型

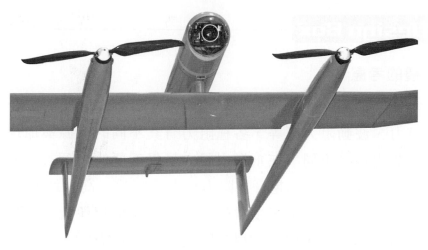

▲圖 5.7　各式無人飛行載具構型

▲圖 5.8　各式無人飛行載具構型

▲圖 5.9　各式無人飛行載具構型

機身截面積的考慮

　　第二章在講飛機的受力時，曾經提到飛行時的空氣阻力可分成寄生阻力、誘導阻力、波動阻力等等，各種阻力有其不同的來源與原理，因此減低阻力的設計也各有不同。在飛機上阻力是很重要的一個設計考慮，一般來說飛機的阻力當然是越小越好，阻力小則飛行效率高、速度快。

　　在小型無人飛機設計上，主要的阻力來源是機翼與機身。由於機翼是升力主要來源，因此由機翼升力相伴產生的"誘導"阻力通常較難以減少，因此機身是減阻設計的重點。而機身的主要阻力是"寄生"阻力(parasitic drag)，也就是形狀阻力(form drag)、摩擦阻力(skin friction)、干擾阻力(interference drag)等三大類。

　　對寄生阻力來說，減阻設計上主要重點是機身的平整度、流線型與機身的截面積。在與摩擦阻力有關的平整度與流線型方面，一般來說，就是盡量減少機身的突出物件，且使蒙皮光滑，讓氣流盡可能平順地通過機身以降低摩擦阻力，但這兩個部分所能達成的限度有其極限。

　　真正關鍵則是機身的截面積；在使用上來說，機身的截面積大、容積大，則可以容納各種酬載，使用彈性高；但是，截面積大，形狀阻力大，飛機的整體飛行效率不好。因此在設計時，依據系統安裝與可能的任務籌載需求，設計適當的機身截面積，是很重要的一環。

　　另外，形狀阻力與徑長比有很直接的關係。飛機的徑長比是指機身的長度與直徑的比值。徑長比越大的物體(也就是越細長的物體)，其形狀阻力越低；反之則越高。一個很好的例子是巴士；巴士因為比較長，所以車頭不太需要做成流線型，整體阻力就不會太高，反之，小轎車就必須做得非常流線以降低風阻，因為小轎車的徑長比過低。

5-4　起落架受力

　　起落架是飛機上必需非常小心取捨的一個裝備。一方面一組堅固的起落架是飛機能在地面安全操作的基礎。但是另一方面，在起飛之後，起落架就成了完全無用的一個系統，任何起落架的重量都會對飛機的性能與酬載造成不利的影響。因此，設計一個具備合理重量與符合強度需求的起落架，是飛機設計時常被忽略的重要議題。

　　起落架支撐全機重量，而在飛機降落時，其所承受的重量(向下的衝擊)與滑行(水平方向向後拉扯)的力量，又是以飛機總重為基礎成倍增加(亦即降落時之 G 值)；所以在大型飛機上，起落架的設計與安裝位置的選擇是設計時很重要的一個環節。

　　在小型無人飛行載具上，若能在機身重量較低的飛機上安裝足夠功率之動力系統(通常是指 2～3 公斤以下的小型無人飛機)，則將飛機設計成手擲或是彈射起飛，再以經適當強化之機腹來滑行著陸或是以降落傘著陸是常見的選擇，這樣的設計往往也可以大幅減少系統的複雜性與成本，並可以提升整體飛行載具之效率與可靠性。

　　然而若是超過 3～5 公斤的較大型的無人飛機，則起落架之設置則往往成為應該慎重考慮之選擇。此時因機體重量較重，手擲起飛往往不易達到安全之飛行初速，而降落時不論選擇降落傘著陸或是機腹來滑行著陸，其機腹所需之強化也常常使得結構重量大幅增加，甚或是需要複雜且故障率高的充氣軟墊以提高系統在著陸衝擊時之存活性。此時配置起落架往往成為較佳的選擇。

　　起落架一般有前三點式起落架與後三點式起落架兩種常見的配置，前三點式起落架可以提供良好的地面操作性，在有人飛機上的良好的飛行員視野，以及地勤操作性(因其停止時機身為水平位置)，故廣被採用；其主要缺點是前三點式起落架中的前起落架，螺旋槳的配置往往因機首須離地較高，因此前起落架的長度必須要長，導致結構上常有強度不足或是重量過重的缺點，致使整體結構效率不佳。

而後三點式起落架的地面操作性、飛行員視野以及地勤操作性(因其停止時機身往往有一個很大的攻角)皆不佳,故現在飛機已經甚少採用,主要優點是可以提供大型前置螺旋槳之充足的離地空間。本書僅討論現今常見的前三點式起落架構型。

5-4.1 主起落架安裝

主起落架安裝位置通常位於飛機重心附近略偏後方,如此飛機在起飛時可以不需要太大的尾翼下壓力矩,就可以改變攻角,建立起飛姿態:

1. 然而主起落架也不可以太接近重心,太接近重心的主起落架除了會降低滑行穩定度之外,太接近重心的主起落架也會擔負太多飛機重量,使前起落架負荷不足,難以產生適當的摩擦力。

2. 負荷不足而無適當摩擦力的前起落架設計會導致飛機地面滑行時轉向的效能不足,使飛機之地面操作性能不佳。而前起落架位置之選擇亦與飛機地面滑行時轉向的效能有關,太過偏前安裝的前起落架由於其力臂過長,亦會導致前起落架負荷不足,應注意避免。

在一般低單翼飛機的設計上,普遍的做法是將主起落架連接在後翼樑上,共用受力結構與力量傳遞之路徑,也可以避免主起落架太接近重心的問題。低單翼飛機的翼面離地較低,主起落架可以較短,重量輕,因此整體結構效率較佳;但是飛機離地較低的後果是螺旋槳尺寸受到限制,而不夠大的螺旋槳會使動力性能受到很大的限制。

高單翼飛機安裝主起落架時,則需要在機腹強化結構以承受主起落架之滑行與起降時之衝擊負荷。此時機身底部可選擇以縱向紋路之木材、夾板或玻纖板當做底材,與機身的格框(Frame)連接,而格框再與機身縱樑(stringer)連接以使機身的負荷能適當的傳遞到起落架。主起落架與機身連接受力之處將實心白楊木條以縱向方式黏在機身底部加以強化。並適當的鑽孔以鎖住主起落架,如圖 5.10 所示。

圖 5.12 顯示主起落架固定之根部結構與機身之格框接合,再運用與機身之格框接合的縱樑,將起落架所受之力量傳至整個機身。

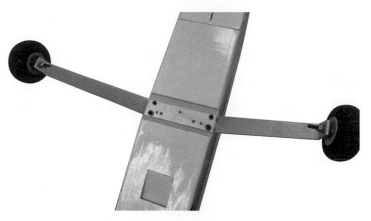

▲圖 5.10　主起落架固定方式

▲圖 5.11　主起落架固定之根部結構

▲圖 5.12　主起落架固定之根部結構與機身之格框(Frame)接合

5-4.2 前起落架

　　至於前起落架承受的力量雖然較主起落架承受的力量小，但在滑行時面對不平整跑道時則首當其衝，因此通常要有適當的強度，並且需要有減震的設計以強化其跑道之適應性，此外前起落架也要承受飛機轉向操作時的側向力，以及滑行時縱向向後拉扯的力量；因此對無人飛機來說，前起落架的設計往往構成很關鍵與獨特的挑戰。

　　在前置發動機的飛機設計上，常見的解決方式為將前輪軸心的套筒鎖在防火牆背面，由於防火牆也承擔發動機的重量與推力，並與機身緊密黏合，因此可以充分利用到防火牆之強化結構所提供的強度而不需要增加重量，再將鼻輪支柱軸心插入套筒即可，如圖 5.13 至圖 5.15 所示。

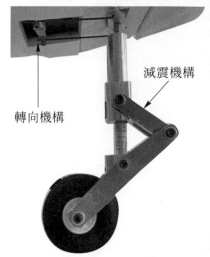

▲圖 5.13　前起落架減震機構與轉向機構　　▲圖 5.14　前起落架固定方式及轉向機構　　▲圖 5.15　整合防火牆發動機座及前起落架之結構

　　另一個前起落架常見的問題是前起落架轉向機構。與起落架的狀況類似，前起落架轉向機構也是一個非常重要，但是在起飛之後就完全失去作用的裝備。一般的做法是安裝一個伺服器並以拉桿作動，並與方向舵連動。

　　另有一個較少見，將前輪作成可 360°自由轉動的作法，可用於手擲起飛起落架降落的小型無人飛行載具上。360°自由轉動前輪的運作觀念類似超市購物推車的輪子，基本上是以可 360°自由轉動的輪子提供支撐，但是方向控制則由方向舵面等其他方式達成。如此設計極為簡單可靠，若為輕型飛機降落滾行距離較短者，可考慮使用這個方式。

Unmanned Aerial Vehicle

Chapter **6**

飛機構型、平衡與穩定

在討論飛機的配平與穩定時，第一個需要釐清的觀念，是升力中心(CL, Center of Lift)與飛機整體重心(CG, Center of Gravity)的相對關係。物理上來說，重心是一個可以代表整個物體的重量的一個質點(亦即重力作用的平均位置，在此點重力所產生的合力矩為零)，飛機升力中心與整體重心位置一般來說不可是同一個地方，對於飛機的設計來說，飛機升力中心與重心的配置之目的是盡可能在符合飛機設計之性能需求的前提下，提升飛機的穩定性與平衡性。

一般飛機平衡的設計類似傳統的秤。參見圖 6.1。飛機的升力主要來自於主翼，水平尾翼也可以產生升力(或是負升力)，需要將飛機主翼與水平尾翼產生的不平衡力矩加以配平，使飛機達到平衡的效果得以水平飛行。值得注意的是，一般來說水平尾翼產生的升力比主翼小，也根據不同翼形有所改變，因此需搭配重心的相對位置，達到穩定的效果。圖 6.2 是一般先天穩定飛機的配平設置方式，主翼之升力中心位於飛機重心後方，飛行時以尾翼向下配平力將整架飛機配平，整體原理類似古時候的秤子。

▲圖 6.1　傳統秤

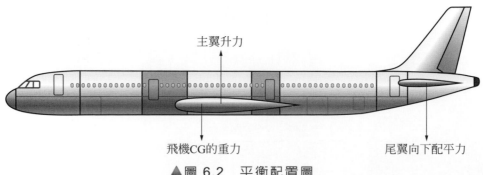

主翼升力

飛機CG的重力　　　　尾翼向下配平力

▲圖 6.2　平衡配置圖

Design Box

　　穩定的飛行是大部分飛機設計時所追求的目標，但是太穩定的飛行會使得飛機機動性變差，而不夠穩定的設計則會使得飛機太過分靈活而難以操作。設計飛機飛行性能趨向穩定性，必須將重心配置點偏前；若要增加飛行靈活性則須將重心配置點偏後。

　　另外，飛機上有一個衡量穩定度的值，靜穩定度是指飛機的氣動力中心到飛機重心的距離。氣動力中心在重心之後，靜穩定度為正，飛機在飛行時是靜穩定的；若是氣動力中心在重心之前，則其靜穩定度為負，飛機在飛行時是靜不定的。

　　飛行的穩定性主要由飛機的重心與升力中心的相對位置來決定的。此外，由於飛機由次音速加速到超音速時，機翼的升力中心(或是說，氣動力中心)會逐漸後移，這也會造成一些重心與穩定性的問題。在軍用機的設計上，如 F-16，則巧妙利用這樣的特性；F-16 在次音速飛行時，其氣動力中心在重心之前，靜穩定度為負，飛機非常靈活，無法以人為方式操作，因此飛機以 Flight-By-Wire 的控制方式由電腦動態維持飛機穩定。到了超音速飛行時，其氣動力中心在重心之後，靜穩定度為正，此時飛機在飛行時則變成靜穩定的，協助飛機在超音速飛行時維持穩定。

　　有一些可長程飛行的民航飛機，則安裝重心控制系統，運用位於機尾的配平油箱，藉由增減配平油箱的油量改變重心，在巡航飛行時將油抽往位於尾翼附近的配平油箱，增加尾部重量，調整重心的位置，讓水平尾翼不再需要提供負升力，進一步降低整體阻力，參考圖 6.3 並比較與圖 6.2 之差別。

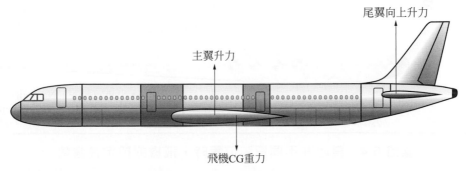

主翼升力

尾翼向上升力

飛機CG重力

▲圖 6.3　民航機巡航時，可運用配平油箱改變重心，注意此時飛機主翼升力位置不變，而 CG 後移

6-1 飛機的重心與平衡

　　飛機的各個零組件都有重量，所有重量以及其所在位置的合力矩，可以計算出整架飛機的重力，而整架飛機重力的合力點即為飛機的重心。

　　重心，亦即是重力作用的平均位置，是使各質點的重力所產生的合力矩為零的位置即為重心。

　　由於重心與飛機升力中心的相對位置可決定飛機的穩定性，因此飛機在飛行前，都必須要確認飛機重心位置，以確保飛機的安定性和飛機的操縱性。以整體飛機設計時的觀點來說，飛機在 Pitch、Roll、Yaw 等三軸的穩定性與平衡性都是很重要的。但是在設計實務上，飛機在 Pitch 方向的穩定性與平衡性，是設計時最重要的考量。Pitch 方向的穩定性主要考量因素有三項：

1. 升力中心與飛機重心的相關位置(參考圖 6.1、6.2 與圖 6.3)。
2. 後機身的長度(尾翼與重心的距離，亦即力臂的長度)。
3. 尾翼的大小(尾翼的大小，亦即配平力的大小)。

　　在考慮 Pitch 方向的穩定性的問題時，需要回歸到"穩定"這件事上思考。**所謂穩定，是指一個物體改變其現況的可能性**。越穩定的物體其改變現況的可能性越低。參見圖 6.4。而以飛機的操作與穩定來說，飛機的穩定主要是由重心、機翼、與水平尾翼間的力量與力距關係來決定。

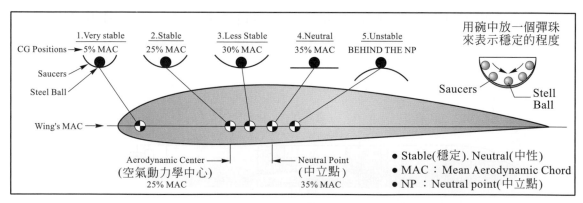

▲圖 6.4　重心在不同翼弦位置時，飛機的穩定性趨勢

　　大部分先天穩定的飛機的升力中心位置都設計在重心稍後的地方，請參考圖 6.2 以及圖 6.4 的 No.2 位置，如此可造成機頭比較重的不平衡現象。這樣可以讓飛機有先天的 Pitch Down 的特性，而因為飛機俯衝時可以提升空速，因此設計上預設的 Pitch Down 的特性上對避免飛機失速有基本的功效。另外，若從重心-升力中心-尾翼配平等三個力量所連成的相對位置來看，升力中心的力量是靠重心與-尾翼配平的向下力量來達到平衡。

　　進一步思考飛機在 Pitch 方向的運動。這個由重心-升力中心-尾翼配平等三個力量所連成的穩定，參考圖 6.5，可以將飛機平衡想成一個左右長度不同，但左右兩側的重量相等的天平。以運動學的角度來看，較長的這端往下 20cm 時，較短的一端才翹起 5cm。因此如果是操作長端的位置為主，如此就可以比較精確的操作短端的確實位置，因為其操作比例是 1：4；反之若以短端操作長端，則每 1cm 的短端位置會產生 4cm 的長端位置變化，如此要精確控制長端的位置則很困難。

　　把這個概念放在飛機的 Pitch 穩定上來看時，以力臂較長的尾翼之向下配平力量來控制飛機的 Pitch，這樣飛機就變得比較好操作，不會發生飛行員輕輕的帶桿 2 英吋，卻使得仰角瞬間改變 10 度這樣的極端狀況。一般來說飛機當然是越靈活越好，但是太靈活的飛機卻是很難操縱的，例如在降落時，若要求飛行員以很微量的操縱桿位移量來控制飛機，這樣的飛機會很難以準確操縱。

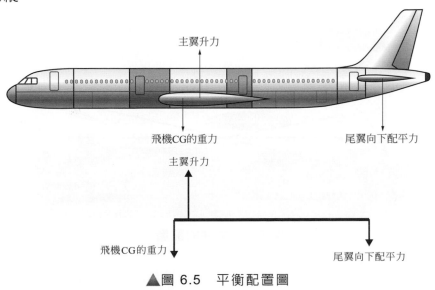

▲圖 6.5　平衡配置圖

控制上的三個不同敏感度的配置

1.　溫和穩定的配置

在這種設定下，來自操作端的輸入，會變成翼面端的較小幅度的輸出；比對到飛機的操作面來說，這像是傳統構型的飛機，很大幅度的尾翼動作，才會產生相對較小的機首俯仰。

圖 6.6　溫和穩定的配置

2.　中性的配置

在這種設定下，來自操作端的輸入，會變成翼面端的類似幅度的輸出；比對到飛機的操作面來說，這像是較強調機動性能的傳統構型的飛機，任何幅度的尾翼動作，都會產生相對大小的機首俯仰。

圖 6.7　中性的配置

3. 靈敏靈活的配置

在這種設定下，來自操作端的較小輸入，會變成翼面端的放大幅度的輸出；此時飛機對遭作輸入極為敏感，亦即飛機會靈敏靈活。

比對到飛機的操作型態來說，這像是較前翼構型的飛機，任何幅度的前翼動作，都會產生相對大小的機首俯仰。

控制翼面

操作端

圖 6.8　靈敏靈活的配置

所以機翼跟水平尾翼的力臂長度，必須提供一個不平衡但是容易精確控制的設計，當飛行員做機動操作時，不至於發生機頭俯仰角度忽然改變的情況。此外，值得注意的是飛機重心位置被設計在機翼的偏前面，而升力中心位置則在機翼上略為偏後，因此當機翼的攻角增加，升力中心會向前移動，這種會使得尾翼的配平力臂更長，讓飛機的俯仰更好操控。

簡單整理上述內容，可將重心與升力中心之相對位置分為三種可能：

1. 重心若位在升力中心前面適當的位置，則機頭偏重，此時飛機以水平尾翼產生的下壓力量配平。而飛機因為機頭偏重，有向下俯衝的傾向，可以降低失速的可能。

2. 重心若位在升力中心前面很遠的位置，則機頭沉重，此時飛機以水平尾翼產生的下壓力量不足以配平。若此時全升舵還是無法加以配平，則將以頭下尾上的姿態，高速俯衝後墜毀。

3. 重心如果設定在升力中心後方，則機尾較沉重，飛機有向上爬升的傾向，若飛機之動力輸出不足以支撐持續之爬升，則飛機將以 pitch up 的姿態爬升至失速後墜落(AF447 及 CO3407 都是飛行員操作 pitch up 直至飛機失速墜毀)。若機尾重到超過水平尾所能產生的升舵力量，那飛機將以尾下頭上的姿態向上爬升，然後失速變成自由落體後墜毀。

AF447 失速墜毀事故

　　近十數年來，在各國飛安機構、飛機製造原廠以及航空公司等各相關組織的努力下，飛安水準有顯著提升，飛機之事故率以及全球每年的空難死亡人數也持續下降；但是在近年的飛機失事墜毀的事件中，最特殊也最值得進一步研究的事件之一，是發生在 2009 年五月底的法航 AF447 航班。

　　AF447 航班是由巴西飛往法國的 A330-200 型客機，該機型的飛航記錄良好，自 1998 年第一架 A330-200 型客機進入航空公司服務後，在 AF447 事件之前從未發生過任何導致旅客死亡的意外事故。當天飛機因不明原因(正常操作應該要避開雷雨區)飛入惡劣氣候區域，致使 pitot tube 結冰，飛機的大氣資料電腦讀數不正常，導致飛機上的自動駕駛跳脫，必須改由飛行員手動操作。

　　而在飛行員處置的過程中，由於兩位值班的副駕駛(FO)一連串的處置失當，導致飛機在爬升至接近 40000 英呎的高空後(正常飛行高度約 35000 英呎)，失速墜入大西洋。兩位值班的副駕駛在整個墜落的過程中，雖然駕駛艙儀表不斷給予各種飛機系統異常的警報或警示，但都沒有了解到飛機已經失速；而當時正在休息的機長，在驚醒之後，趕到駕駛艙中，才赫然發現其中一位副駕駛一直帶桿，將飛機姿態維持在 pitch up 的姿態導致飛機失速下墜。在機長發現之後雖然緊急推桿，將飛機 pitch down，企圖以淺俯衝的方式，增加飛機的空速以便脫離失速狀態，重新獲取飛機的控制，惜為時已晚，飛機仍墜海導致 230 人喪生。

　　整件事情最引起飛安調查人員不安的，是自始至終，兩位值班的副駕駛在整個下墜的過程中都沒有警覺到飛機已經失速。照理來說現在的駕駛艙顯示以及警告系統應該能提供足夠的訊息及警示，讓飛行員有足夠之狀況警覺性了解飛機已經失速，而能在高空巡航的狀態下採取正確的操作(推桿以淺俯衝的方式重新得到足夠的空速後改出)，而兩位理應訓練有素的飛行員竟然無法正確反應，這代表整體系統應該還有人類技術上不理解或是不足之處。

6-2　飛機的升力中心

　　升力中心(Center of Lift)的是指全機產生升力的總中心。任何有空氣流過的表面都可能產生升力。在一般的飛機上，機翼、機身、尾翼、座艙等，都因空氣流場的關係，會產生或多或少的升力；將這些各機身部份的產生的升力，利用力與力臂的原則計算後，就可以得出全機的總升力中心位置。但是一般傳統構型的低速飛機上，機翼所產生的升力佔總升力絕大部份的比例，因此在討論小型無人飛機時，只討論機翼的升力即可用來代表整架飛機的總升力中心。

　　在機翼的橫切面中，將機翼前緣和後緣之間一個虛擬的直線段稱為機翼的翼弦。因為大部分飛機機翼的形狀都是簡單的矩形、漸縮矩形或是漸縮後掠機翼，因此一般取標準平均翼弦(SMC)加以考慮。標準平均翼弦等於機翼面積與翼展之比。

　　而再進一步討論時，我們可以用一個假設矩形等效機翼來代表原始機翼，若其面積大小、空氣動力特性等都與原始機翼相同，則該矩形等效機翼的翼弦即為平均空氣動力弦，可以用 MAC (Mean Aerodynamic Chord)表示。在設定飛機重心時，則以重心與平均空氣動力弦的前緣之間的距離占平均空氣動力弦長度的百分比來表示重心的位置。

　　一般來說，機翼升力中心是位於機翼 MAC 的 25～35%之間。而依據第6-1 節所述，由於飛機平衡的關係，將重心設定在 MAC 的 20～30%左右可以得到較好的穩定效果。

　　機翼產生的升力會因不同翼型而改變飛行特性，因此需藉由重心配平使飛機達到水平穩定飛行，重心不會隨飛行速度或做任何飛行動作而改變，重心設計方式與平均翼弦長有密切的關係。

　　計算出 MAC 的位置並劃出一條線，設定重心位置落在於 MAC 線的 25%處，一般試飛時會選在這個位置，使飛機有略為向下的趨勢較為穩定，如前所述。試飛時若發現機鼻略重，降落後配平即可：

固定翼無人飛機設計與實作

(1) 飛機重心略前(通稱 head heavy)則飛行時較為穩定，但是運動性能較遲鈍、飛行慣性較大。

(2) 飛機重心略後(tail heavy)則飛行性能較靈敏(亦即不穩定)，但也較容易失速。

6-3 飛機構型與翼面配置

飛機機翼的設置方式主要有三大類：高翼機、中翼機、低翼機，如圖 6.9 所示；一般說來，高翼機飛行性能較穩定，機翼在機身的上方產生浮力，下方連接的是有重量的機身，形成一重心較低的飛行物體，若搭配適當的機翼上反角，則飛行時若飛機傾斜或是遇到側風的干擾，這個構型會有較佳的自我回穩的功能；高翼機最大的優點是穩定性高，不容易失速，一旦失速或是受側風侵襲也比較容易改出，因此較適合初學者作為練習機用，缺點是側風時較易偏航，且高度穩定的另一個面向，就是運動靈活性不佳。

低翼機飛行性能較靈活，若能搭配適當的機翼上反角，則飛行時的穩定性尚能接受。大部分第二次世界大戰的戰機，例如野馬式、零式、噴火等戰機為了提高空中的敏捷性，獵殺敵機或是躲避敵人，全部都採用低翼機構型，由於重心高於機翼，如同大型巴士、卡車等重心高導致路面過彎時較容易傾斜，低翼機也有這種特性，它最大的優點是抗側風性好且運動靈活性佳，缺點是相對較不穩定。

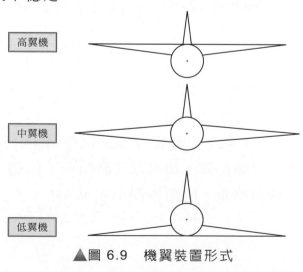

▲圖 6.9 機翼裝置形式

中翼機兼具高翼與低翼機的性能，抗風性能以及穩定性與運動性能都屬折衷，第二次世界大戰時，美國海軍的航艦的戰鬥機有許多即是採中翼機構型，如 F4F 及 F6F 等。現代的 IDF，F-16 以及 MiG-21 也是很成功的中翼機構型飛機。

而隨著任務需求之不同，除了基本的高翼機、中翼機、低翼機等三大類之外，翼面的構型配置也分爲很多種，如圖 6.10 所示。

在圖 6.10 中，最上方三種翼面構型配置是較傳統的構型，計算重心的方式較容易，通常落在於機翼前緣往後 25%處，而這三種構型的平衡性能也是最好的；後掠翼與三角翼的相同之處在於飛機進入穿音速，向後退縮的主翼可延後震波影響到機翼的空速，可減少超音速時的阻力係數；但無尾三角翼因爲沒有配平用的尾翼，主翼須同時擔負升力以及整架飛機之配平力矩，因此在低速、起飛及降落時機動性較不利，反而在高速飛行時靈敏度非常高，其重心也可用前面描述的平均翼弦長方式計算。

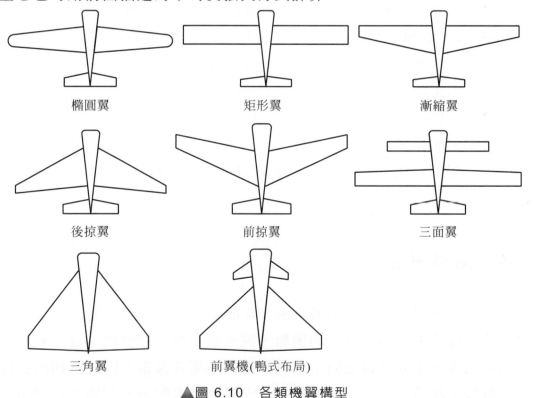

▲圖 6.10　各類機翼構型

前掠翼則為非常特殊的翼形，如圖 6.11 所示，氣流會經由翼尖流翼根然後延伸到水平尾翼，因此前掠翼無外洗氣流的問題，氣動力效率較高，升阻比性能良好；但是前掠翼飛機之水平尾翼大量受到氣流影響導致微量偏轉的作動就能使飛機有明顯的俯仰動作，所以前掠翼的飛機的俯仰動作很靈敏，滾轉動作卻顯得遲鈍；此外，前掠翼在次音速進入超音速時翼尖的顫動會特別明顯，造成阻力係數大幅提升，為了解決顫動的問題於是加強結構與蒙皮強度，但多了這些結構飛機重量又加重了。

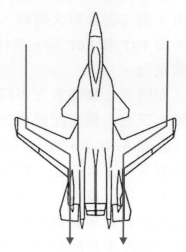

▲圖 6.11　SU-47 前掠翼機型[1]

　　基於這些原因，前掠翼的飛機雖然有很多理論上的優點，但是直到 1980 年代 NASA 的 X-29，藉由應用大量輕質量高勁度的碳纖維複合材料，才真正付諸實現。而試飛的結果雖然證明了前掠翼飛機的升阻比與機動性之優異性能，但是整體來說弊大於利，加上美軍飛機在技術上由著重在超機動的設計取向，轉移至以雷達隱形為主要考慮，因此並無任何美軍服役之飛機實際採用這種構型。前掠翼構型飛機之重心大約落在於翼前緣往後約 1/4 處。

　　至於三翼面飛機及前翼機(Canard)的特性則明顯較為複雜，在此不多做敘述。

6-4　載重平衡

　　如 6-1 節所述，平衡對飛機來說非常的重要，重心稍微偏前或偏後會對飛機的飛行操作都會造成很大的困難，甚至是飛機失控墜毀；以一般傳統構型的飛機來說，未安裝電裝的小型無人飛機尾部會偏重，因此需利用在機首裝置的電裝來配重，並以前後移動電池安裝位置來配平，如圖 6.12 所示。

Reference

[1]　維基百科，SU-47。

　　由於任務酬載及基本電裝已經固定在飛機上，若電裝放進機身已佔滿所有空間，則會有難以配平的後果，因此在設計時需要在電池艙預留部分配平空間，在飛機酬載或是電池規格改變時，可利用移動電池安裝位置來配平。如此可以提升飛機之任務適應性。

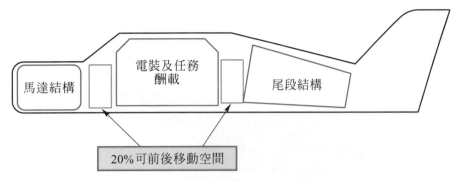

馬達結構

電裝及任務
酬載

尾段結構

20%可前後移動空間

▲圖 6.12　機體空間示意圖

　　電動飛機通常利用電池的重量將飛機配平，電池前後必須保留適當空間可讓電池移動以協助配平，若機鼻過重電池往後移即可，但若是機鼻過輕且電池也貼近最前端還是無法配平，最後的選擇就是加放配重塊；由於配重是無效的重量，不像增加任務酬載可以提升飛機任務性能或是增加電池重量可以增加續航時間，因此應予避免；由於每多一點重量飛機就會失去一點飛行性能，所以最好的配重方法就是利用原本的機內設備，如電裝等，來做內部配平調整。

　　另一方面，燃油動力的飛機通常也是利用電裝去配平，但它比電動飛機複雜之處在於會在飛行途中持續消耗的燃油，油箱全滿的狀態重量較重，當在空中飛行時不斷消耗燃油導致機體質量變輕，而可能改變重心影響配平。油箱很大的飛機(例如長時間滯空的 UAV 需要很多的燃油)，因為燃油重量改變的落差很大，所以一定要擺放在重心位置，或是裝置重心調整系統(例如利用不同油箱的油量來調整重心等方式，但是這樣的系統昂貴複雜，若非絕對必要應避免使用)，以避免空中失去配平發生災難。

　　任務型的飛機因需籌載設備(例如：相機、飛控電腦、感測器等)，以電動飛機來說機體必須預留空間擺放設備，而這個預留的空間最好在重心位置，所以當飛機更換任務籌載或模組時，都不會影響配平，且重心附近也是飛機相對較穩定的地方，可以提供感測器較穩定的平台；若是燃油引擎的飛機，就必須考慮到燃油重量與酬載物，這個地方必須以燃油為首要考量放置在重心位置，其他的載重物則可適當調整擺放位置至飛機配平即可。所以大型飛機為了解決空間問題，設計時使整個機翼裡面都可以儲放燃油，讓機身裡面有足夠的空間可以運用(機翼本身也是重心所在附近)。

(a) F16

(b) IDF

▲圖 6.13　F-16、IDF 的飛彈都掛在翼下，這樣飛彈發射後重心才不至於大幅改變

Chapter **7**

無人飛行載具設計基礎比例

　　許多設計無人飛機的人，他們設計製造出來的飛機忠實地反映了設計者的個人人格特質。基於種種原因，大部分的人並未依循著本書第二到第六章中所提到的比較複雜與據理論基礎的建議，而選擇 follow his mind 去設計與製造一架飛機。

　　然而，依據複雜的公式與理論基礎所製造出來的飛機，一定就比較好嗎？歷史的經驗告訴我們，答案其實並不盡然。各國發展各式軍用及民用飛機時，無不遵循歷史之經驗與教訓之累積，經過嚴密的評估與設計程序，但是仍然時有失敗之作品。

　　著名的飛機設計工程師，創辦以製造威震全球的法國幻象戰鬥機聞名的達梭飛機公司的達梭先生有句名言，飛得好的飛機，必然也是漂亮的飛機 **(Marcel Dassault said, "For an airplane to fly well, it must look good")**。進一步解釋這句話，某個程度來說，飛機各部位配置均衡，尺寸比例正確的，就是飛機飛得好的關鍵之一；而把這句話反過來說，飛得好的飛機，不就是各部位配置均衡，比例正確，看起來漂亮的飛機嗎？

　　因此，本書在這個章節用不同的，比較直觀而非理論的觀點，對前面第 2 章到第 6 章的各種飛機設計基本理論做一個總結；以基於幾十年來飛機設計的前輩們的歷史經驗的累積，提供讀者不同種類飛機上，各部位大致的尺寸比例。這樣是一個比較直觀的觀點，可以讓讀者在設計自己的飛機時，能有一個參考的依據。如此可以以最低限度的理論基礎與數學計算，在大幅降低進入門檻的前提下，而得以設計製造出合理的飛機。

　　飛機設計是一個工程技術，但是更多時候，更可以看成是一個在各方面妥協的工程藝術。

　　如圖 7.1 所示，這是個很有名的漫畫，可追溯到 **"Dream Airplanes" by Mr. C. W. Miller,** who is design engineer of the Vega Aircraft Corporation.。基本上來說，飛機在設計時，需要考慮的主要問題可分成製造工程、重量、應力分析、動力系統、飛控系統、氣動力、電子設備系統、機翼、設備系統、維修保養等等考慮的面向，每個面向都是設計時相互牽制的設計變數，這些面向都由不同的工作小組來負責。

因此，如果讓其中任何一個工作小組來主導飛機設計，就很容易造成圖中的現象，這也是這個漫畫的笑點。

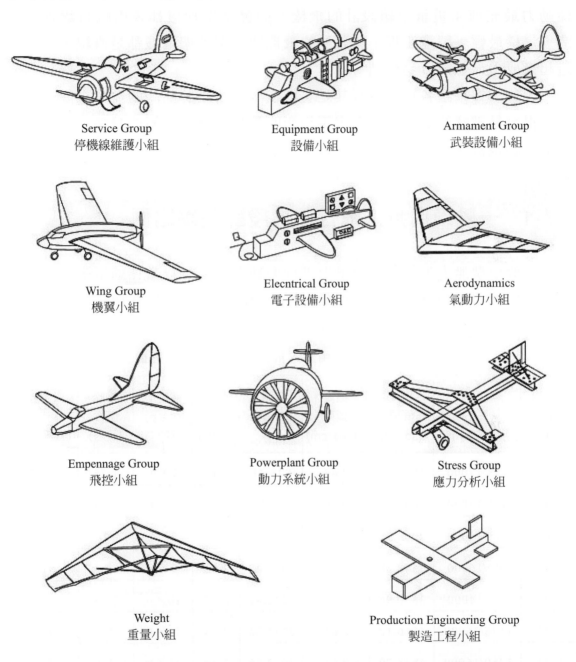

Service Group
停機線維護小組

Equipment Group
設備小組

Armament Group
武裝設備小組

Wing Group
機翼小組

Elecntrical Group
電子設備小組

Aerodynamics
氣動力小組

Empennage Group
飛控小組

Powerplant Group
動力系統小組

Stress Group
應力分析小組

Weight
重量小組

Production Engineering Group
製造工程小組

▲圖 7.1　如果放任各設計單位自行其是，會設計出很多很特殊的飛機歐

　　比方說，機翼小組設計的飛機，就會都是機翼，這樣升力最足夠；如果是動力系統小組設計的飛機，就是一個大大的發動機(其他部分都很小)，這樣動力最充沛；重量小組設計的飛機，則會整架飛機都會用帆布鋁管來製造，這樣最輕；製造工程小組設計的飛機則希望整架飛機都是直線，這樣製造起來成本最低最容易製造。

　　因此，如果讓各單位各行其是，則在滿足該設計部門的需求之餘，其他部分很容易被犧牲而設計製造出不均衡的飛機。而不均衡的飛機，就不會是能飛好的飛機。

7-1　一般通用無人飛行載具設計基礎比例

　　一般小型無人飛行載具以求取飛行樂趣為主，可以當作通用平台，適應各種用途，如 FUN Flight，教練飛行等，設計上這類飛機在操控簡易性、穩定性、速度、製造簡易度、成本等設計考慮間求取適當的平衡。

▼表 7.1　一般通用無人飛行載具設計參考數據

發動機排氣量(CC)	發動機馬力(W/Rpm)	機翼面積(sq.cm)	機翼翼荷(g/ sq. cm)	預估總重(g)	動力負荷(g /W)	螺旋槳(d×p)(英吋)	輪胎直徑(英吋)	CL2.0時速度(公里/小時)
1.75	198/17000	1935.48	0.43	823.31	4.15	7×4	1.75	67.2
2.93	331/17000	2096.77	0.46	965.26	2.92	8×4	1.75	70.4
4.93	515/15000	2903.22	0.52	1504.67	2.92	9×4	2	73.6
5.98	809/16000	3548.38	0.58	2072.47	2.56	9×6	2	76.8
6.90	809/14000	3870.96	0.58	2242.81	2.77	10×6	2.25	76.8
7.47	1176/16000	4516.12	0.61	2753.83	2.34	11×6	2.5	78.4
8.93	1250/16000	4838.70	0.61	2952.56	2.36	11×6	2.5	78.4
9.98	1360/16000	5161.28	0.61	3151.29	2.32	12×6	3	78.4

引擎馬力參考雷虎公司二衝程發動機的數值

　　圖 7.2 是一個典型的一般通用無人飛行載具的飛機配置設計比例，一般來說，這類飛機的展弦比(AR)大約是 5～7 之間，機翼負荷大約是 0.4～0.6 公克/平方公分，動力負荷大約是 2.3～3 公克/瓦。另外，這樣的設計比例可以適用於高單翼飛機、中單翼飛機及低單翼飛機上，而由於高低單翼設計上先天穩定的差異，因此三種機翼配置的主要設計差異是機翼的上反角，在配備副翼的前提下，最穩定的高單翼飛機僅需要 2 度的上反角，而穩定性相對較差的低單翼則建議有 4 度的上反角。

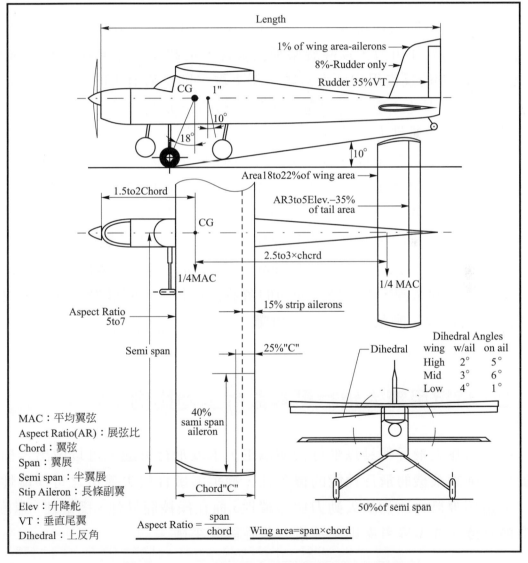

▲圖 7.2　一般通用無人飛行載具設計基礎比例

與一般所知道的簡單數值，如波音 777-300ER 飛機所用的 GE90-115B 引擎可以產生 11 萬 5 千磅的推力，或是 BMW 的車有幾匹馬力等數據所呈現的不同，在眞實世界中，飛機發動機產生的推力與當時的氣溫、空速等等大氣狀態都是有關的，換句話說，當我們說 GE90-115B 引擎可以產生 11 萬 5 千磅的推力時，很重要的一點是，我們也需要知道這樣的推力值是在什麼測試環境與條件下達成的。

回到最基本的物理現象來思考，推力的來源是"發動機將空氣向後推的作用力"的反作用力，以螺旋槳飛機來說，是螺旋槳將空氣向後推(類似電風扇的效果)的反作用力；而以噴射機來說，則是噴射出的高速氣體產生的反作用力。因此，空氣密度越高，等體積的空氣就越重，產生的作用與反作用力，也就是推力，就越大。

所以，在高海拔地區，或是天氣炎熱的地方，因爲空氣稀薄或是空氣密度較低(因爲 PV=NRT，P 減少或是 T 增加)，此時飛機發動機的推力會降低；反之，低海拔地區與天氣寒冷的地方，雖然單位時間發動機所推動的氣體的體積是一樣的，可是因爲質量比較大，所以推力比較大。

這個情況就是航空業所謂的"hot and high"，對飛機的性能減損很大，以航空公司來說，也就是對公司的營收減損很大；而以無人飛機來說，就是滯空時間或是酬載量會受到影響囉。

7-2 特技用無人飛行載具設計基礎比例

特技用無人飛行載具以飛行表演爲主，求取飛行樂趣，可以做出各種驚險動作，強調飛機的飛行性能的機動性，操縱靈敏性與失速後之可操縱性，設計上這類飛機專注強調大動力與操縱性，而在操控簡易性、穩定性、速度、製造簡易度、成本等考慮則不注意一般性設計平衡。

　　圖 7.3 是一個典型的特技用用無人飛行載具的飛機配置設計比例，一般來說，這類飛機的展弦比(AR)較小，大約是 3～5 之間，機翼負荷大約是 0.5～0.9 公克/平方公分。

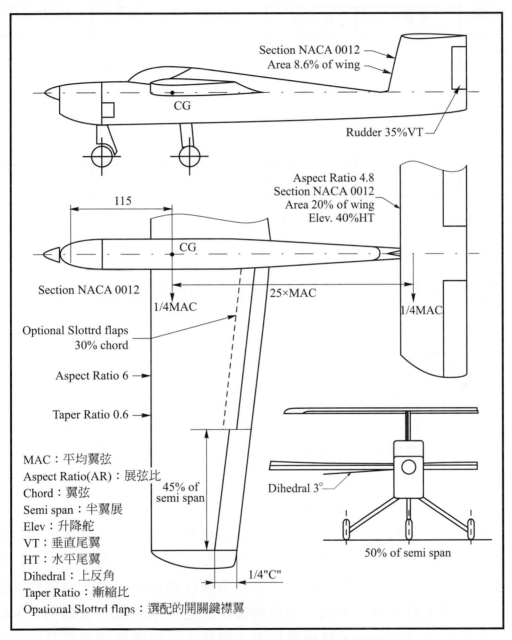

Section NACA 0012
Area 8.6% of wing

CG

Rudder 35%VT

Aspect Ratio 4.8
Section NACA 0012
Area 20% of wing
Elev. 40%HT

115

CG

Section NACA 0012

1/4MAC

25×MAC

1/4MAC

Optional Slottrd flaps
30% chord

Aspect Ratio 6

Taper Ratio 0.6

45% of
semi span

Dihedral 3°

1/4"C"

50% of semi span

MAC：平均翼弦
Aspect Ratio(AR)：展弦比
Chord：翼弦
Semi span：半翼展
Elev：升降舵
VT：垂直尾翼
HT：水平尾翼
Dihedral：上反角
Taper Ratio：漸縮比
Opational Slottrd flaps：選配的開關鍵襟翼

▲圖 7.3　特技用無人飛行載具設計基礎比例

▼表 7.2　特技用無人飛行載具設計參考數據

機翼面積 (平方公分)	機翼翼弦		機翼翼展 (公分)	飛機重量 (公克)	機翼負荷 (公克/平方公分)
	翼根處	翼尖處			
2580.64	25.91	15.54	124.46	2327.98	0.90
3225.80	28.96	17.40	139.07	2469.93	0.77
3870.96	31.75	19.05	152.40	2611.88	0.67
4516.12	34.29	20.57	164.59	2753.83	0.61
5161.28	36.58	22.10	175.90	2895.78	0.56

使用 46 的發動機以及 APC 10x9 螺旋槳

註：46 的發動機為 46 級，排氣量為 7.45cc，輸出大約為 1200 w/16000 rpm

7-3　滑翔機／長滯空無人飛行載具設計基礎比例

　　從設計與製造的觀點來說，滑翔機/長滯空無人飛機是最困難，也必需要是最小心的。因為滑翔機/長滯空無人飛機的飛行時間需求最長，在設計與製造上的缺失與誤差，所產生的飛行效能的差異，在一般短程飛機上也許不顯著，但是設計與製造上的缺失與誤差一旦發生在滑翔機/長滯空無人飛機上，隨著滯空時間的增加，累積出來的效率上的差異就會很可觀。此外，由於長滯空無人飛機的各項設計重點以及性能需求與滑翔機類似，因此許多長滯空無人飛機設計時即以動力滑翔機的觀點來設計。

　　長滯空無人飛機通常是設計成遙感探測載具之用，並非以求取飛行樂趣為主。設計上主要可以當作感測器平台，適應各種遙感探測用途，如目標監控、救難搜索、資源調查等，設計上這類飛機在操控簡易性、穩定性、速度等設計考慮間求取適當的平衡。而滑翔機則仍是以求取飛行樂趣為主，適應各種用途，如 FUN Flight，教練飛行等，設計上滑翔機在操控簡易性、穩定性、製造簡易度、成本等設計考慮間求取適當的平衡。

　　圖 7.4 是一個典型的滑翔機/長滯空無人飛行載具的飛機配置設計比例，主要差別是在機艙配置的大小。一般來說，滑翔機不需要機艙，只要有足夠空間放置基本電裝如接收機、伺服器、電池等即可，動力滑翔機則另需要能配置動力系統；而長滯空無人飛機則需要有放置各種感測器的空間，以及爲適應任務需求所需之動力系統空間，包含了適當配置的動力系統以及維持飛機長時間滯空所需要的大型電池或是大量燃料等等。

　　這類飛機的展弦比(AR)大約是 10～12 之間甚至更大，機翼負荷大約是 0.22～0.33 公克/平方公分。

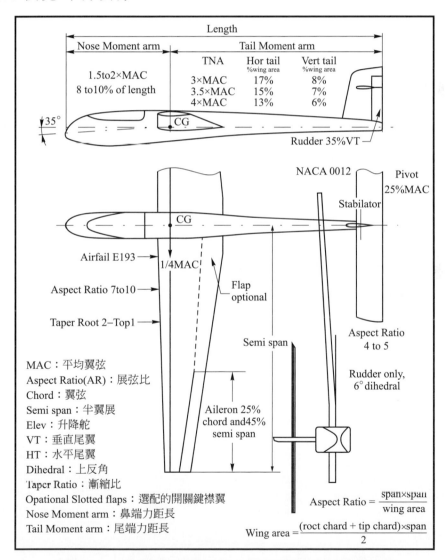

▲ 圖 7.4　滑翔機/長滯空無人飛行載具設計基礎比例

▼表 7.3　滑翔機/長滯空無人飛行載具設計參考數據

機翼面積	3225～6465 平方公分
翼展	152～250 公分(展弦比：7-15)
機翼剖面	Clark Y, E193, E197 等等
水平尾翼剖面	NACA0012, E168
飛機重量	700～2100 公克
機翼負荷	0.22～0.33 公克/平方公分

第二部分

無人飛機製造實務

Unmanned Aerial Vehicle

Chapter **8**

材料與工具

8-1　材料種類

　　製造小型無人飛機的材料非常多樣化，適當選擇材料，可以使飛機具備所需之結構強度，且僅付出最小的重量代價，是製造飛機時重要的一環，以下將介紹常用的製造小型無人飛機的材料種類與材料性質。

✈ 8-1.1　發泡材料類

　　發泡類的材料有 EPS、EPP、EPE、EPO、珍珠板；發泡材料顧名思義就是類似麵包，由原本小小的麵糰加入酵母菌使麵糰發酵膨脹，再放入烤箱烘焙完成之後就成為蓬鬆的麵包；發泡材料也是類似這類做法，使用化學原料加入發泡劑加熱成形，而原料硬化後即定型無法繼續膨脹，其中有 90%～95 的體積都是空氣。

　　近年來發泡材料廣泛使用，它最主要的特性是減震、緩衝、隔音、絕緣、保溫等功能。發泡材料一般常用在包裝的部分，但由於發泡材料具備質量輕，比強度尚可之特性；且容易以模具射出成形，或以簡單手工具加工成型；加上售價低廉，抗撞擊與抗磨損之特性良好，因此也被用來當作製造小型無人飛機的材料之一，在一般美術材料行即可購得[26]。

1. **EPS(Expandable Polysthylene)**：就是所謂的保麗龍，成分為聚苯乙烯加發泡劑加熱成形，耐熱約 75～95 度，容易塑形但延展性較低，且較具脆性，經過撞擊後呈現碎屑狀，不易修補。保麗龍價格低廉，常使用在食品盒、器材包裝、免洗餐具等；使用過後分類回收並掩埋，請勿燃燒避免產生戴奧辛氣體造成二次環境汙染。

2. **EPP(Expanded Poly-Propylene)**：成分為聚丙烯加發泡劑，耐熱約 60～70 度，特性是彈性佳、吸水性低、吸震、隔音，經撞擊後呈現塊狀；施工時使用瞬間接著劑、南寶樹脂或是保麗龍膠黏合即可，缺點是塗裝上色之效果不佳；市面上大量使用於面板業之無塵室包裝，回收後可燃燒無毒性，燃燒後變成水和二氧化碳。然而由於 EPP 製程不易穩定，因此不容易在一般通路零售購買。

3. **EPE(Expanded Polyethylene Foame)**：成分為聚乙烯加發泡劑，耐熱 50 ～70 度，特性是柔軟而富彈性，韌性強不易撕裂，具有隔熱、吸震、緩衝、吸水性低、包裝等功能，最常見的就是用在電腦、螢幕、3C 產品等包裝，燃燒後無毒性可回收具環保效益有加工容易、重量輕、耐衝擊等優點，缺點是塗裝上色之效果不佳。

4. **珍珠板**：其成分和 EPS 一樣，經由聚苯乙烯加發泡劑加熱灌入模具形成一片式的珍珠板，重量輕較適合做表面蒙皮或機身側板等，缺點是脆弱不耐衝擊，常用於禮品包裝、手工藝術品原料等。

▼表 8.1　材料統整表

	EPS	EPP	EPE	珍珠板
耐熱	75～95 度	60～70 度	50～70 度	75～95 度
燃燒回收	有毒性	無毒性	無毒性	有毒性
比重	$0.012～0.035g/cm^3$	$0.017～0.1g/cm^3$	$0.03\ g/cm^3$	$0.012～0.035g/cm^3$
特性	經撞擊成碎屑狀、不易修補	延展性佳、經撞擊後呈塊狀	延展性佳、經撞擊後有裂痕但不至於散落	經撞擊成碎屑狀、不易修補
用途	造型、空隙填補	機身、機翼、空隙填補	機身、機翼、空隙填補	機身、機翼
加工方式	美工刀、電熱線	美工刀、電熱線	美工刀、電熱線	美工刀、電熱線
膠合方式	AB 膠、保麗龍膠	瞬間接著劑	瞬間接著劑	AB 膠、保麗龍膠
價格	EPE>EPP>EPS>珍珠板			

▲圖 8.1　保麗龍

▲圖 8.2　珍珠板

▲圖 8.3　EPP

8-1.2　木材類

較為常見的木材類材料有航空夾板、巴爾沙木、白楊木、三角壓條等。木材是可再生材料，使用廣泛且價格低廉，比強度高且具有彈性，故廣泛使用於早期的飛機，以及中小型無人飛機上。值得注意的是，木材為非等向性材料，使用時須特別注意木材紋路，並將木材之強度方向置於在木製零件之最大應力方向。

1. **航空夾板**：為數層單一方向木紋薄板方向交錯膠合壓製成形，由於航空夾板的單位重量之強度相當高(比強度)，若搭配雷射切割機等工具機則加工精準容易，因此廣泛使用在小型無人飛機主要結構件上，亦可用於重點結構補強，是小型無人飛機機翼大樑，龍骨，發動機座、防火牆、起落架座等重要結構組件廣泛使用的材料之一。一般的市面上可購得的規格有 3mm 及 5mm 等兩種，若需要更厚的夾板以提供更高強度的應用，亦可以將兩片夾板用 AB 膠加以膠合以增加厚度與強度。然而因木材的毛細孔較大，會吸收瞬間黏著劑，因此航空夾板無法用瞬間黏著劑黏合；普遍使用 AB 膠、玻纖膠、白膠等接合。

▲圖 8.4　航空夾板

2. **巴爾沙木**：為生長快速且是原木中最輕的材料，早期的飛機工業曾廣泛使用巴爾沙木，所以又稱為**飛機木**；在材料選擇時，發泡材料由於材質特性脆弱且抗拉性不足，複合材料又有成本過高以及小尺寸應用上重量過重的問題，因此巴爾沙木雖然成本較發泡材料為高，但是仍然廣泛使用於許多蒙皮或是次要結構件上。巴爾沙木常用於機身側板、底板、蒙皮等次要結構，適合使用瞬間黏著劑、白膠黏合。

3. **白楊木條、三角壓條**：白楊木[27]不僅長得又快又高，且其木質密度高，抗風性強，因此常種植來做水土保持以及防風林等用途；白楊木經濟價值也很高，可用來做紙漿、合板、建材、傢俱、包裝紙、木炭等。在中小型無人飛機上主要用於主翼翼樑、機身縱樑(Stringer)等需高負荷之重要結構，一般使用 AB 膠、玻纖膠、或白膠等即可黏合。

　　三角壓條原用於房子裝潢導角用的壓條，在中小型無人飛機上用於垂直結構與水平面之間的補強，使用 AB 膠、玻纖膠、白膠等即可黏合。

▼表 8.2　材料統整表

	航空夾板	巴爾沙木	白楊木條 三角壓條
銷售門路	模型專門店	模型專門店 美術材料店	美術材料店 五金材料行
強度	航空夾板>白楊木條、三角壓條>巴爾沙木		
比重	600kg/m^3	160kg/m^3	3200kg/m^3
用途	重點結構補強	輔助結構補強或蒙皮	主結構支撐
加工方式	美工刀 電動裁切機 鐳射切割機	美工刀 鐳射切割機	剪刀 美工刀 手工鋸
膠合	AB 膠 白膠	瞬間接著劑 白膠	AB 膠 白膠
常見之 市售規格	厚 2～3mm 長 1200mm 寬 1620mm	厚 1.5～10mm 長 950mm 寬 80mm	5mmx5mmx 1850mm
價格(NT)	約 150～300	約 30～100	約 10～50

▲圖 8.5　巴爾沙木

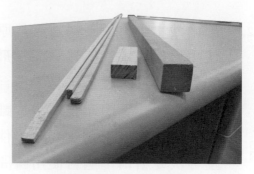

▲圖 8.6　白楊木條

▲圖 8.7　三角壓條

8-1.3　複合材料類[28]

　　中小型無人飛機上較常使用的複合材料有玻璃纖維複合材料、碳纖維複合材料等兩大類。簡單說來複合材料是由連續相的基體(Matrix)和被基體包容的加強材料(Reinforce, or Fiber)組成，利用兩種或兩種以上的材料經過適當製程製作而成。

　　非金屬基體有合成樹脂、橡膠、陶瓷等，加強材料主要有玻璃纖維、碳纖維、金屬纖維等。複合材料通常具備較好的強度，且具備質輕、高彈性、抗腐蝕、耐高溫低溫等特點，因此大量運用在航空業、運動器材、機械、建築等。除了開模製造的特殊複合材料件外，其他小型無人飛機上較常使用的複合材料型態包含碳纖棒、碳纖板、玻纖板等。

1.　**碳纖棒**：主要用於小型無人飛機之主結構或是用於結構補強，例如機翼、機身龍骨等，優點是重量輕、材料強度高；主要缺點除價格昂貴、加工不易外，由於它是單一方向碳纖維，鑽孔或裁切等加工時會產撕裂痕跡，導致碳纖棒脆化，強度大幅下降；市售的碳纖管都是如此。若要編織(fabric)形式之碳纖維結構的碳纖棒則需要特別訂製，不但強度較低，且成本較高。

2.　**碳纖板**：重量輕、表面強度高，常用於載重物的底板結構，缺點是加工不易。

3.　**玻纖板**：較類似碳纖板，但重量較重，整體強度與表面強度均較碳纖板低，但價格低廉且容易加工，常用於伺服機擺臂、舵角片等非結構件之零件加工。

▼表 8.3　材料統整表

	碳纖棒	碳纖板	玻纖板
銷售門路	模型專門店	模型專門店	模型專門店
強度	碳纖棒＝碳纖板＞玻纖板		
比重	1750 kg/m³	1750 kg/m³	2440kg/m³
用途	結構補強	底板、隔板、防火牆補強	底板、隔板、防火牆補強、零件加工
加工方式	手工鋸、切管器	手工鋸、磨砂機	手工鋸、磨砂機
膠合方式	AB 膠	AB 膠、瞬間接著劑	AB 膠、瞬間接著劑
市售規格	直徑 1mm～12mm/長度 100cm/支	厚度 1.2mm～2.5mm /長寬 400mm×250mm/片	厚度 1mm～2mm /長寬 500mm×600mm/片
價格(NT)	NT.20～300	NT.500～900	NT.250～400

▲圖 8.8　碳纖棒

▲圖 8.9　碳纖板(使用 2 軸鑽銑機加工而成)

▲圖 8.10　玻纖板(使用 2 軸鑽銑機加工而成)

4. 開模製造

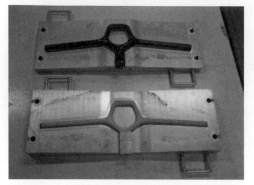

▲圖 8.11　自行車把手零件，以二
　　　　　次發泡工法熱壓製造

▲圖 8.12　副翼熱壓模具以及二次發泡材料

▲圖 8.13　副翼製作成品

▲圖 8.14　抽真空成形製程

8-1.4　其他材料

1. **環氧樹酯 AB 膠(EPOXY RESIN)**：普遍稱為 AB
膠，兩劑中一劑是主劑，另一個則是硬化劑，成
分有很多種，主劑有丙烯酸、環氧、聚氨酯等，
硬化劑則是改性胺或其他硬化劑。通常分成 5 分
鐘硬化快速黏合用與 30 分鐘硬化，常用於複合
材料黏合膠等。

　　使用時以 1：1 的比例充分攪拌均勻(詳細比例需參考使用說明)，塗
抹於黏合部位即可膠合，黏合之表面須保持乾燥、乾淨、無粉塵則能達
到最佳黏合效果，適用於珍珠板、保麗龍、木材、塑膠等材質膠合，AB
膠成本低，膠合強度甚佳，因此被廣泛使用於小型無人飛機上。

　　　　環氧樹酯 AB 膠的主要缺點是隨著時間的流逝，硬化後的 AB 膠較容易脆化脫膠，壽命較受限制。一般文具店、五金行、模型專門店即可購得。

2. **保麗龍膠**：成分是醋酸乙烯，由於分子量小呈現透明無色狀，因此黏合於物體乾燥後較為美觀，有黏著性強、耐水性佳、不易脆化等優點，適用於黏合珍珠板、保麗龍、木材、塑膠等材質，一般文具店即可購得。

3. **白膠**：又通稱為 "南寶樹脂"，成分是聚乙烯酯酸脂，分子量較大，所以呈現白色稠狀，乾燥硬化後呈現半透明乳白色狀，最適合用於木材黏合，特性較類似保麗龍膠黏著性強、耐水性佳、不易脆化等優點，一般文具店即可購得。

4. **瞬間接著劑**：又稱三秒膠、瞬間膠、快乾膠，成分為氰基丙烯酸酯，把膠塗抹於一物體表面時會與空氣作用產生化學反應，此時將兩黏合物貼緊等待數秒即可黏合，由於發揮的氣體非常刺鼻，使用時臉部應當遠離黏合物，並保持在通風處使用。瞬間接著劑適用於巴爾沙木、塑膠、鋁合金等，一般文具店、五金行、模型專門店即可購得。

Design Box

　　瞬間接著劑使用過程中應小心使用避免手指與物體相黏，若手指不慎黏死，勿緊張用力將它分開，會導致身體受傷，後果非常嚴重；分開的方法可使用高純度酒精、丙酮解開，因為它是瞬間膠的溶劑，千萬不可使用乙酸乙酯、四氯化碳，因為它對人體有很大的傷害。另一種方法就是浸泡熱水約五分鐘即可解開，若皮膚還有殘膠也別急著拔除，每天沐浴時必經過熱水的沖洗，它自然而然就會剝落了。

▼表 8.4　材料統整表

	用途	銷售門路	價格(NT)
AB 膠	黏合材料	五金行、模型店	100～900
保麗龍膠	黏合材料	五金行、文具店	30～60
白膠	黏合材料	文具店	30
瞬間接著劑	黏合材料	文具店	50

5. **螺絲防鬆膠**：成分為工業用特殊尼龍成分，塗抹於螺絲、螺帽等部位乾燥後呈現有彈性、半透明膠狀，黏著力強不易脫落，有助於防止機械震動造成螺絲或螺帽的退牙、鬆動等，模型飛機有關於飛操面鎖點的部位即可塗膠預防鬆脫，加熱後即可除膠，螺絲、螺帽等可重複使用，一般五金行即可購得。

6. **塑鋼土**：主要用於建築業、水電工程補土用，特性是硬化後非常堅硬、防水、絕緣、抗腐蝕等優點，在小型無人飛機方面可用於機體損傷補土用，一般五金行即可購得。

7. **泡棉雙面膠與一般雙面膠**：泡棉雙面膠中間的材質是泡棉，可依照物品凹凸的表面緊密貼合且黏度高，除膠時可用吹風機將它加熱後即可拔除，一般文具店、五金行即可購得。雙面膠：薄型雙面膠常用於黏合機身塗裝、標示或不是很重要的物品黏合，一般文具店即可購得。

8. **玻纖膠帶**：其膠帶內有玻纖夾層，材質略厚，不易撕裂、韌性強、防水性佳、黏度高，成本較一般膠帶高，主要用於黏合零組件或相關電子設備，必要時亦常作為結構補強，防撞抗損，或是黏貼於需要抗磨損的部位如以機腹著陸之飛行載具之機腹補強之用等等。在模型店即可購得。

▼表 8.5　材料統整表

	用途	銷售門路	價格(NT)
螺絲防鬆膠	防止零件脫落	五金行	50～100
塑鋼土	補齊坑洞、補土	五金行	100
雙面膠、泡棉雙面膠	固定電裝、組件	五金行、文具店	30～50
玻纖膠帶	黏合材料、固定電裝	文具店	50

9. **絕緣膠帶與紙膠帶**：絕緣膠帶又稱爲電火布、電工膠帶，富
有絕佳的彈性，用於電線外露或銲接處纏繞絕緣，而其絕佳
的彈性亦可提供"拉緊"的功能，可提供額外的固定強度，
在緊急維修時很有幫助。

　　紙膠帶主要的成分是紙漿，單面有黏性，製作模型飛機時常用來固定兩
組件進行膠合的動作，膠合完成即可撕去紙膠帶不留痕跡，紙膠帶亦可
在上面寫字，常作爲標示或提醒之用途。兩者均在五金行即可購得。

10. **熱縮膜**：熱縮膜是一種遇熱會收縮的塑膠膜，主要用於電池裸
片的保護膜，可以提供防水、絕緣、收縮保護電池等功能，將
電池套入熱縮膜中使用熱風槍或吹風機即可收縮，在模型店即
可購得。

11. **束線帶**：最初爲金屬材質用於飛機固定線路，後來材質改用
尼龍塑膠設計，束線帶有棘輪的設計，一旦插入扣頭只能進
不能退，常用於電纜線、電線束等整理線路時固定用的束帶，
一般文具店即可購得。此外由於束線帶之強度高，且略帶彈
性，因此束線帶亦可愈來輔助固定飛行載具上重要的組件，
由於束線帶爲廉價之消耗品，拆除時直接剪斷即可，對提升
飛行載具的可維修性很有幫助。

12. **延長線、伺服機延長線**：延長線有一對一的延長線或是一對
二的延長線，主要用於電裝線路之延長，進行銲接延長完，
必須以熱縮套管套住並加熱收縮使銲接處絕緣並確保其不會
鬆脫，在電子材料行即可購得。

13. **熱縮套管**：主要用於接線處熱縮絕緣用，並可強化接線處之安全性，使其較不易鬆脫。加熱來源可使用打火機、吹風機、熱風槍加熱收縮，一般五金行、電子材料行即可購得。

14. **子母黏扣帶**：又稱為魔鬼氈，其一面為毛絨材質另一面為粗糙材質，可互相黏扣，常用於需時常更換之組件固定之用。常見的用途包含固定電池於機身，或是配重塊之固定等等。魔鬼氈可重複使用，一般文具店、五金行即可購得。

▼表 8.6　材料統整表

	用途	銷售門路	價格(NT)
絕緣膠帶、紙膠帶	電線絕緣、各處固定	五金行、文具店	30～50
熱縮膜	包覆電池保護層	模型店	50
束線帶	固定電裝、組件、線路	五金行	50
延長線	延長電路	五金行、模型店	50～100
熱縮套管	電路接線絕緣	五金行、電子材料行	30～100
子母黏扣帶	固定電裝、組件	文具店	30～80

8-2　工具種類

　　製作小型無人飛機所需的基本工具種類不多，在市面上五金行等均容易購得；以下將介紹五金工具名稱、用法、售價等介紹。值得注意的是，俗語說，工欲善其事，必先利其器；使用適當的工具施工，往往是良好完工品質的必要條件；而正確使用工具才不至於使得施工品質欠佳，甚至損傷到工件本身。準此，使用工具的人員必須熟悉工具的性能、特點、使用、維修、保養等。

1. **螺絲起子(Screw Driver)**：螺絲起子一般分為十字起子跟一字起子，一般使用右手定則，順時針旋轉可以將螺絲嵌緊，逆時針旋轉將螺絲鬆出，是使用極為廣泛的工具之一。而除了十字起子跟一字起子，另有多種其他起子形式，使用時應特別注意以避免破壞螺絲釘頭(Screw Head)。

2. **內六角螺絲起子(Allen Wrench)**：特別針對內六角螺絲專用的螺絲起子，使用方法如同一般螺絲起子，模型飛機特殊小零件最常用到。

3. **鐵尺、三角板(Steel Rule)**：鐵尺和三角板是很基本的測量工具，可用來描線測量距離及繪畫直角線等。值得注意的是，一般避免使用尺的端部作為量測的起點，以減少誤差的發生。

4. **微型手電鑽**：俗稱小蜜蜂，主要是用來在飛行載具上的輕材質上鑽孔，可使用範圍約 1mm～3mm，有內附可對應鑽頭的套筒。

5. **剪刀(Scissors)**：如圖左側為工業用剪刀，可用來剪厚紙、薄鋁板、木條等，一般剪刀用來裁剪紙張、燙紙、泡棉雙面膠、紙膠帶等，使用約一個月須使用除鏽防鏽噴霧保養，保持光滑與銳利。

6. **斜口鉗(Diagonal Cutting Plier)**：主要用於裁剪電線、橡膠、軟鐵絲、銲錫等，普遍來說，斜口鉗的刀口銳利，但是材質強度不高，因此應避免裁剪堅硬物。若要剪較堅硬物則必須使用較高規格的鉗子，以避免損傷工具。

7. **尖嘴鉗、老虎鉗(Needle-Nose Plier)**：主要用來輔助夾住高溫物體或是旋轉物品輔助夾緊物品，鉗子交叉端附有刀口，可用來裁剪較硬的材料，例如鋼絲、鐵絲等，根據不同材質、硬度剪裁時要慎選工具規格，較細較軟的材質使用尖嘴鉗即可，較寬較硬的材質則使用老虎鉗，須定期使用除鏽防鏽噴霧保養。

▼表 8.7 工具統整表

	用途	銷售門路	價格(NT)
螺絲起子	螺絲旋入轉出	五金行	50～200
內六角螺絲起子	內角螺絲旋入轉出	五金行、模型店	150～300
鐵尺、三角板	量測距離、繪畫形板	文具店	30～200
微型手電鑽	零件加工鑽孔	五金行	500～1200
剪刀	裁剪材料	五金行、文具店	30～100
斜口鉗	裁剪線材、橡膠	五金行、電子材料行	100～300
尖嘴鉗、老虎鉗	裁剪金屬、輔助夾具	五金行	100～400

8. **美工刀("Snap-off blade" utility knife)**：用來切割珍珠板、保麗龍、紙膠類等，使用完畢須噴上一層防鏽油保持鋒利，若刀鋒呈現頓挫感，建議汰舊換新。美工刀主要用在保麗龍、薄木片切削成形，書局即可購得刀片。

9. **手工鋸(Hacksaw)**：適用於木棒、鋁合金、碳纖管切割，使用完畢須噴上一層防鏽油保持鋒利，鋸片屬於消耗品，使用一段時間鋸齒紋耗盡則須更換鋸片，一般五金行容易購得。而由於飛行載具製造時要求精準，一般使用鋸齒較小的鋸子以維持切割時之精準度。

10. **模型用電熨斗(Small electric iron)**：主要用於燙紙、表面加熱用，通常會套上一層專用的燙斗布，防止高溫的表面接觸燙紙時瞬間捲曲融化，在模型店即可購得。

11. **銲槍、銲錫(Soldering Tin)**：電線與電線相接時須以銲槍加入銲錫加熱融化，融化的銲錫會附著在電芯上使兩線頭相接，銲槍頭離開銲錫即可冷卻硬化，注意銲接處是會導電的，所以還是須以熱縮套管或絕緣膠布絕緣，避免造成短路。使用完畢銲槍頭冷卻前務必上一層銲錫用來保護銲槍頭，一般五金行、電子材料行即可購得。

▼表 8.8　工具統整表

	用途	銷售門路	價格(NT)
美工刀	切割材料	文具店	30～80
手工鋸	切割堅硬材質材料	五金行	150～500
模型用電熨斗	模型飛機蒙皮用	模型店	500～1000
銲槍、銲錫	銲接電路	五金行、電子材料行	300～1000

12. **攻角量測器(Model Incidence Meter)**：機翼之攻角配置非常重要，大部分的翼型的升阻比在攻角 2～5 度時會比攻角零度時還大，因此配置適當的機翼攻角有助於飛行載具在起飛或是巡航的狀態下維持良好的飛行性能。

　　而攻角設置錯誤的飛行載具，若兩側攻角一致錯誤則會有飛行性能不足的問題，若是在製造時兩側機翼攻角不一致，則會產生飛行載具左右不平衡之狀態；且由於機翼之面積龐大，一旦飛行載具製造時兩側攻角不一致，往往不容易使用副翼等飛操面加以修正。因此利用攻角量測器定位兩側機翼的攻角，確保飛機完工後的兩側機翼攻角精準，並與設計時一致，是飛行載具在製造時很重要的一個環節。

使用攻角量測器時應注意機體本身(或是設計時機身之水線)須以水準儀校正至水平狀態(未顯現於圖 8.16)，再使用攻角量測器將左右兩邊分別扣住機翼翼前緣及翼後緣，量測角度，參見圖 8.15 及圖 8.16。

▲圖 8.15　機翼攻角量測器

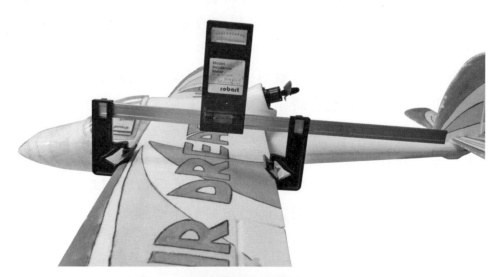

▲圖 8.16　機翼攻角量測器使用方式

Chapter

9

飛操面設置與安裝

　　對一般飛機來說，飛操面是運用改變部分翼面(也就是飛操面)偏折角度以使氣流方向改變，產生的作用與反作用力來改變飛機姿態，使飛機進行機動動作的裝置。廣義上來說，任何會改變飛機的空氣動力學外型的，都可以稱為飛操面；常見的飛操面包含前緣襟翼、後緣襟翼、擾流板、副翼、升降舵、方向舵等。

　　而在小型無人飛機上，由於速度不高，機身重量不大，因此屬於高升力裝置的前緣襟翼、後緣襟翼、擾流板等飛操面，由於重量較重，且結構複雜成本較高，因此較少應用；而基本的副翼、升降舵、方向舵則是大部分小型無人飛機都具備的飛操面。

9-1　飛操面製作與固定

　　本文以機翼上的副翼為例，敘述製作飛操面及常用的固定方法，類似的作法也可以應用在升降舵或是方向舵上。兩種常見的做法：一是活頁固定法，另一個則是膠帶活頁固定法，在此將這兩種固定方法詳細說明如下。

9-1.1　活頁固定法

　　活頁固定法可說是標準的作法，較制式也較安全。活頁固定法可減少翼面作動時的虛位，由於大飛機或速度較快的飛機，翼面控制一旦產生虛位，則遙控器與伺服機給飛操面的指令將無法正確反應在飛機實際飛操面的角度上，此時飛機會因為飛操面位置不正確，而有不規則與無法預期的飛行動作，對飛行性能與安全性造成很大的影響。所以一般市售的中小型無人飛機普遍都採用活頁式的飛操面固定。本章首先以保麗龍材質的機翼為例，說明製作方法與步驟。

　　首先將要製作飛操面的機翼準備好，如圖 9.1。參考第七章中說明的飛操面設置比例，將所需飛操面大小的面積裁下，如圖 9.2 所示。

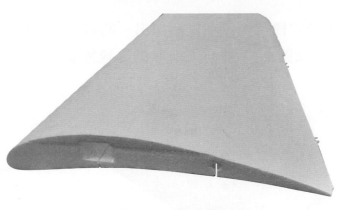

▲圖 9.1　保麗龍機翼

▲圖 9.2　裁下翼面

　　裁下的翼面上下斜切約 45 度角，如此一來當飛操面上下偏轉的時候，才有足夠的空間讓飛操面作動，如圖 9.3 所示。比較仔細的做法可以將上下導角作成圓弧形，可以減少阻力且較美觀。

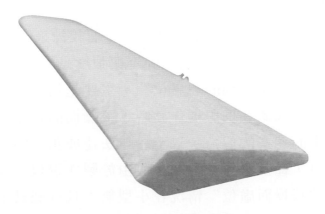

▲圖 9.3　上下導角

接著使用美工刀在機翼後緣垂直面切出一凹痕，然後插入活頁片檢查是否吻合，如圖 9.4 以及圖 9.5。並將先前準備之飛操面假安裝，檢查是否會有干涉的狀況。

▲圖 9.4　活頁片開槽

▲圖 9.5　活頁片

Design Box

虛位是什麼，干涉又是什麼？

　　飛機上飛操面的安裝，簡單來說就是以一個絞鍊來安裝。

　　在設計與安裝飛操面時，飛操面的固定與強度是非常需要考量的重點。

　　在航空模型玩家間常提到的 "虛位"，主要是指飛操面並未經適當與正確之固定與定位，因此在伺服機作動時，飛操面的角度與位置改變無法達成設計時所需求的適當的偏角，以至於無法達成預期的效果，導致飛行載具之控制力不足，甚至是無法控制。而由於製作過程之簡化與重量及成本之考慮，這種 "飛操面虛位" 情況在小型無人飛行載具上相對更容易發生。

　　實務上通常以各種測試的方式來預防"飛操面虛位"情況，值得注意的是，由於在地面上做一般性的靜態測試時，並無空速的負荷，因此往往會得到錯誤的測試結果與自信，等到飛機飛上天，在飛操面上承受了氣動力的負荷後，就完全不一樣了。

　　因此，適度的預測飛機在各種飛行與機動操作狀況時的機翼變形模式，然後在機翼有變形量的狀況下來測試飛操面機構運作的狀況，方可能盡量避免"飛操面虛位"的狀況發生。

飛機停在地面時，機翼是在水平位置　　　　飛機飛行時，機翼受到升力，會向上變形

▲圖 9-6　機翼的變形

　　機翼與翼面開槽活頁片測試接合後，即可塗抹 AB 膠或保麗龍膠進行膠合，注意活頁轉動的地方別沾到膠，如圖 9.7 與圖 9.8 所示。

▲圖 9.7　活頁片安裝

▲圖 9.8　翼面組裝

　　活頁固定法可適用於大部分小型無人飛機，然而因為活頁片是以膠合方式直接固定在發泡塑膠的機翼上，若是要應用在特殊高速小型無人飛機，或是較大型飛機上，則可能會有強度不足或是變形量過大的問題。一個普遍的解決方式是在機翼與飛操面的接合面上貼上巴沙木片，或是航空夾板等強化結構來分散受力面積，必要時亦可將這些強化結構延伸固定在翼樑上，以提升強度並減少可能的變形，再將活頁片膠合在木片上即可。

9-1.2　膠帶活頁固定法

　　膠帶活頁固定法基本上不是個很正統的做法，耐久性也不好，但是此作法成本低、重量輕，較容易簡單製作且快速成形，因此廣泛使用於空速不高的一般初階的小型無人飛機上。這個固定方式主要的缺點則是定位較不牢靠，容易有虛位產生，使用一段時間後需檢查是否有脫膠造成作動虛位的現象。

　　膠帶活頁固定法之做法一樣是先將裁切好的機翼，預計做為飛操面的部分裁切下來，如圖 9.9 所示。

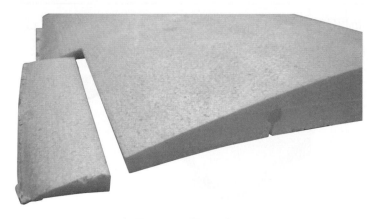

▲圖 9.9　翼面裁下

　　由於膠帶活頁固定法運用美工用膠帶取代活葉片之功能，但是普通膠帶固定法僅能將膠帶固定在機翼上緣或是下緣。由於機翼上表面對氣動力的影響較大，須盡量維持平整，因此將切下來的飛操面下方，使用美工刀斜切約 45 度角並將材料加以移除，如此一來上下作動皆能平順偏轉，如圖 9.10 所示。

▲圖 9.10　使用美工刀斜切約 45 度角

　　接著使用玻纖膠帶對準黏貼面。使用玻纖膠帶的主要原因是取其強度強且黏性亦較一般膠帶為高。貼平後使用平尺將表面壓平使空氣排出，貼上後如圖 9.11 及圖 9.12 所示。

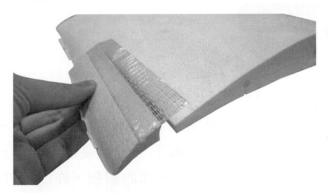

▲圖 9.11　對準貼齊面

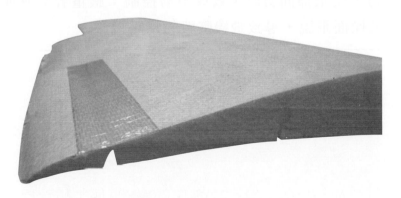

▲圖 9.12　飛操面貼平

最後再將機翼翻面，在機翼之下表面補上兩條膠帶，以減少虛位並提升接合強度即可完成，如圖 9.13 所示。

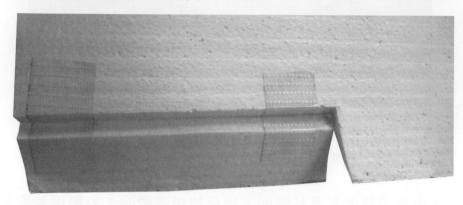

▲圖 9.13　沿著翼縫黏貼膠帶

飛操面之固定與顫振(Flutter)

　　而在真正的可以高速飛行的大飛機上，飛操面的顫振(Flutter)，往往是個非常嚴重的問題。一個未經適當定位與平衡的飛操面，或是一個安裝位置不佳的飛操面，在正常的飛行狀況下，常需要很大的制動力才能操作；而若是在高速飛行時，則可能產生飛操面的顫振，亦即"Flutter"，往往導致飛操面的損傷或是飛行操作上的困難；此時輕者造成飛操面及相關結構短時期的震動，使飛操面暫時失效或不易控制；嚴重者造成飛操面的結構損壞甚至是飛操面飛脫，導致飛機墜毀的慘重後果。

9-2 飛操面控制與安裝

✈ 9-2.1　伺服機安裝

　　在飛操面安裝完成之後，再來則需要考慮如何讓飛操面偏折以產生控制力量的議題。飛操面之作動是靠伺服機之位移量帶動的，而伺服機內部是以步進馬達驅動的轉動角位移為基礎，然後延伸到搖臂上，再以 $r×θ$ 的公式把角位移變成前後移動(往復式)的位移量。

　　因此伺服機的固定很重要，因為伺服機在驅動飛操面時所產生的作用與反作用力都會傳到伺服機上，然後再傳到伺服機的底座上，然後才傳到飛機上。小型無人飛機上的伺服機可以用膠封的方式加以固定，作法是在發泡材料機翼上直接挖個洞，灌膠後將伺服機直接置入並確認伺服機搖臂的位置角度都正確即可。這個做法結構簡單重量輕，但是僅能提供很小的控制力，且不具可維修性。請參考圖 9.14。

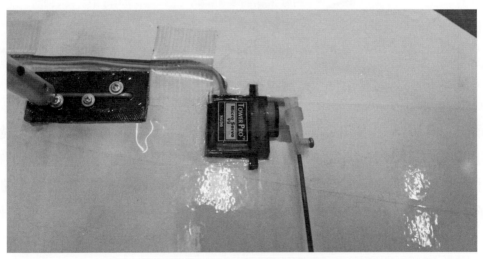

▲圖 9.14　膠封方式固定

　　在較大型的無人飛機上，航空夾板固定座是普遍被使用的方法。航空夾板固定座可平均分散伺服機作動時的反扭力，使伺服機作動時精確度提高。而在更大型的無人飛機上，則應該將航空夾板固定座直接與翼樑接合，如此可將伺服機之控制力量直接傳到飛機翼樑上。

　　通常市售的木質小型無人飛機內部設有孔位，可直接安裝伺服機鎖上螺絲即可，若是發泡材料製造的無人飛機，則可在發泡材料機翼上直接挖洞後，運用類似建築地基的觀念，灌膠後另外黏上一塊航空夾板材質的木片，中間開伺服機的孔位，形成一基座，伺服機鎖上螺絲即可，如圖 9.15 所示。

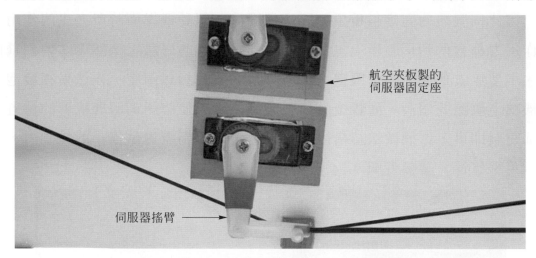

航空夾板製的
伺服器固定座

伺服器搖臂

▲圖 9.15　以航空夾板加強的伺服機固定座

　　而除了伺服機之固定要牢靠以外，整個飛操面之控制系統還要考慮可維修性的問題。伺服機本身由於其先天以步進馬達帶動進行往復式的動作，因此相對小型無人飛機上其他部件來說，其損壞率較高，因此在設計裝置方式時最好能方便拆裝，以避免伺服機故障時，發生需破壞機體才能更換的狀況。

9-2.2　舵角片安裝

在將伺服機安裝在機身或是機翼上之後，接著是要在飛操面上安裝帶動飛操面的舵角片，圖 9.16 為一般舵角片的樣子。舵角片上平面端應與飛操面接合完整，而舵角片另一端則留有一排孔洞，則是固定連桿用的。

在安裝舵角片時，應注意舵角片需垂直於翼縫的正上方，如此一來伺服機擺動時翼面才能平均偏轉角度，如圖 9.17 所示。

舵角片與伺服機安裝完成後，接著是安裝連桿，連桿的材質是較硬的鋼絲，連桿鋼絲在飛機模型店即可購得，將鋼絲的一端用尖嘴鉗折成 Z 字形穿過舵角片，另一端則插入連接伺服器搖臂的調整器，藉由調整器的內六角螺絲可調整固定位置，安裝時必須注意每個安裝組件是否呈現 90 度夾角，因 90 度夾角產生的力臂較長，因此機械傳動效率較高，安裝如圖 9.18、圖 9.19 所示。

▲圖 9.16　幾種不同舵角片的形式

▲圖 9.17　舵角片的孔位應垂直於翼縫的正上方

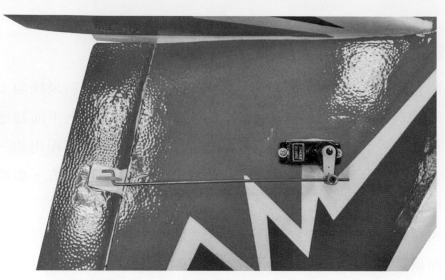

▲圖 9.18　伺服機擺臂與鋼絲呈 90 度

▲圖 9.19　舵角片與鋼絲呈 90 度

Design Box

　　幾個跟台灣有關的新型飛機試飛的失事墜毀意外,都是與 flutter 有關。

　　華揚史威靈的 SJ30-2,是在進行高空高速 flutter 飛行測試時,飛機的穩定性不足而墜毀,試飛員罹難。

(http://www.ainonline.com/aviation-news/aviation-international-news/

　　2006-11-01/deficient-mach-research-caused-sj30-2-accident)

　　IDF 10002 號原型機則是在進行低空高速飛行測試時,水平尾翼受到主翼的尾流影響,發生 flutter 的現象,在超過飛機尾翼結構之承受能力後,水平尾翼飛脫,試飛員伍克振上校(追晉少將)雖然成功彈射脫離飛機,但因彈出角度因素落海後昏迷,不幸溺水殉職。

 Design Box

伺服器選擇

　　伺服器的選擇視飛機的種類而作區分與使用,一般小型電動練習機使用等級最低的塑膠齒輪伺服機即可;但若飛機機翼尺寸達到 1 米以上、1 公斤以上、控制面較大或速度較高等情況,則必須選擇等級較高的金屬齒輪伺服器。伺服器選用目前並無標準規範,下表提供一個選配時之參考,但購買安裝前,還是建議詢問供應廠商。本書第 12-3.4 節對伺服機有更詳細的說明。

▼表 9-1

機型	翼展尺寸	重量	控制翼面	伺服器
練習機 特技機 像眞機	1 米以下	1 公斤以下	較小	9g 塑膠齒輪伺服器
練習機 特技機 像眞機 競速機	1 米以上	1 公斤以上	適中	金屬齒輪伺服器
練習機 特技機 像眞機 競速機 噴射機	1.5 米以上	2 公斤以上	多樣化	數位金屬伺服器 (拉力 5～30 公斤)

Chapter **10**

無人飛機的外型與成形

飛機之機翼與機身須以整體結構設計的方式構成，本章將介紹如何製作高效率低成本的飛機結構，並將介紹預留電裝與酬載的空間為基本作法。在設計與製造飛機之前，需先設定整架飛機參考之水平線(water-line)與基準平面(Datum)，以作為之後安裝機翼時量測機翼安裝之攻角，以及安裝發動機時量測推力線之重要參考依據。

一般真正飛機的機身與機翼構造如圖 10.1。機翼主要是由機翼之翼樑(Spar)、翼肋(Rib)、與機翼之蒙皮(Skin)所構成；而機身主要則由縱樑(Stringer)、隔框(Frame)、以及蒙皮(Skin)所構成。

Design Box

機身結構的物理原理：半硬殼式機身結構是由縱樑以及機身隔框構成的堅固骨架。再以質輕的鋁合金或是其他材料做成蒙皮貼上而形成機身。機翼則有做成機翼上表面弧形的翼肋連結機翼的前後翼樑組成機翼結構(WingBox)，再一樣以質輕的鋁合金或是其他材料做成蒙皮貼上而形成機翼。

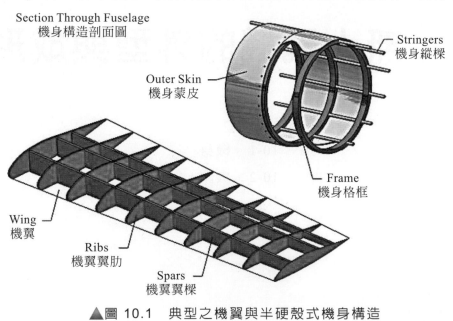

Section Through Fuselage
機身構造剖面圖

Stringers
機身縱樑

Outer Skin
機身蒙皮

Frame
機身格框

Wing
機翼

Ribs
機翼翼肋

Spars
機翼翼樑

▲圖 10.1 典型之機翼與半硬殼式機身構造

10-1 機身

　　小型無人飛機的機身之製造方法與真正的飛機製作原理類似，主要分為三種作法，**硬殼**、**半硬殼**以及**結構式機身**。

　　硬殼式的作法就是機身由堅硬材質製成，中間並無支撐結構，直接由飛機之機身外殼承受機身力量，稱之為硬殼式機身，較常見之硬殼式機身製造材料為玻璃纖維或碳纖維複合材料材質，優點是製作完成後重量輕、強度高，然而一旦受到外力撞擊，則易產生破碎性損壞，較不易修補，可維修性較差；且其製造與加工程序複雜，不易掌控。

　　結構式機身主要由隔板、與縱樑組合而成的機身結構，外部蒙皮採用不具支撐性的帆布或燙紙，優點是製造容易，缺點是製作過程需求較精密，不易製造精準，且結構效率與氣動力效率較差。

　　而**半硬殼式**基本上是綜合上述硬殼式與結構式機身的做法，同時由外蒙皮以及機身內部結構承擔飛機受力。作法上是使用具有支撐強度的外蒙皮(小型無人飛機上常見有：巴爾沙木、珍珠板等材質)為組裝材料，機身內部再使用木質或複合材料做結構支撐，形成內外結構穩固的機身，優點是整體重量較輕，是製作上較簡易；在小型無人飛機的應用上，主要缺點是局限於板材的加工限制，外觀、形狀與曲度不易呈現。

　　由於半硬殼式作法較容易掌控與製造，品質容易控制，且結構強度高，因此普遍為現代飛機使用；目前常見的民航機與軍機都是以半硬殼式結構構成，自製的小型無人飛機也是如此。本章節將介紹簡易式半硬殼之作法。

　　值得注意的是，圓柱形、流線體外型的機身其結構效率較高，單位機身容積的總重量較低，且在空氣動力學上來說，阻力也小；但是其製造不易，往往需要一外部成形模以提升整體製造精準度，導致成本較高；此外，在小型無人飛機上常使用的輕質板材，不易成形為所需之曲線甚或是雙曲線外型，因此本章僅介紹簡單方形機身，取其內部容積大，加工容易、製造控制精準等優點，但是犧牲部分空氣動力的效率，阻力較大。

1. **側板**：飛機機身製作第一步就是側板型版製作，首先將外觀、形狀、尺寸畫出來，轉印到選用的材料上，例如珍珠板、巴爾沙木等側板材料，畫好之後裁切下來，需要兩分相同規格的側板(左右側板)，本文以珍珠板作為側板材料。

2. **畫線**：側板裁切完成後，必須畫出水平線，畫水平線的目的就是畫出飛機的製造基準線，之後安裝各個翼面需要的攻角的基準線、安裝發動機時校準推力線，這類製造與系統安裝時需要定位的零組件，都需要這個水平線才能確實定位。

   除了水平線之外，還有隔板的位置線與縱樑的線都要標示清楚，如此一來膠合組裝時標線處才能明顯對齊，如圖 10.2 所示。

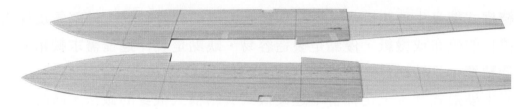

▲圖 10.2　側板與畫線

3. **側板補強與縱樑**：側板畫線完成後即可進行補強，補強可使用巴爾沙木做補強，材料輕強度夠，缺點是成本較高，也可使用 2mm 厚度的航空夾板作為補強側板的材料，本文則選用 2mm 航空夾板來做補強。

   接著是縱樑(stringer)結構，縱樑結構可用碳纖棒或是白楊木木條構成，本文選用之縱樑材料為白楊木木條，其成本低、並富有彈性及具備適當的剛性；如圖 10.3 所示，將側板結構及縱樑黏合，膠合的材料可使用 AB 膠、保麗龍膠、白膠等膠料。須注意縱樑應儘可能維持其連續性，避免搭接，以保持強度。

   AB 膠使用 5 分鐘即可完全硬化，但使用一段時間 AB 膠體本身會脆化，且呈現氧化後的黃色，須定期檢查補膠以免失去結構強度；保麗龍膠需約半天的時間硬化，與 AB 膠一樣需定期檢查是否脆化；而白膠乾燥硬化的時間較長，需約一天左右，氧化耐久度較長，且乾燥後呈現透明無色狀，本文使用的是保麗龍膠。值得注意的是，圖 10.3 所示之側板形式為施作減重孔的成果，可以在不大幅降低強度的前提下，減輕不必要之重量。

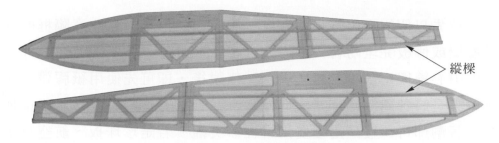

▲圖 10.3 側板與龍骨補強

4. **底板與隔框組成**：在飛機兩側側板完成後，接下來進行機體之成形組裝。機體之成形組裝包含了飛機側板、機身底板、以及隔框等三個主要部分，兩兩相互垂直組立。飛機機身的底板材必須與側板呈垂直狀，隔框亦即大型飛機上的"Frame"，主要的功能是提供縱樑與底板以及側板之間連接應力的結構，同時也將機身固定形狀，以避免外力造成過大變形量。

(a)A320 飛機機身的鋁合金結構　　　(b)A350 飛機的複合材料機身結構

▲圖 10.4 Stringer 是連續的而 Frame 會開洞讓 Stringer 過去

　　首先以假組合的方式將底板、側板、隔框組合，注意隔框的部分需以縱樑或側板完全吻合伏貼的方式結合，如圖 10.5、圖 10.6 所示，確認底板中心線與尾部中心線呈一水平無誤後，即可先使用紙膠帶或是其他種類夾具將各處固定，開始進行膠合。若材質皆為巴爾沙木，則使用瞬間黏著劑即可；優點是強度夠且輕盈美觀。若是珍珠板、航空夾板、木條等則需以 AB 膠、保麗龍膠、白膠黏合，本文使用的是 AB 膠，垂直接合面使用三角木條以 AB 膠接合補強。

　　機身底板、側板、隔框組合膠合完成後，即可撕開紙膠帶，此時可進一步以扭動機身以檢查結構之剛性以及膠合的強度，並可視需要以三角木條補強。

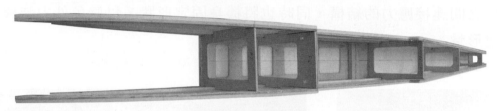

▲圖 10.5　底板、側板、隔板組合

▲圖 10.6　底板、側板、隔板接合並用三角木條補強

5. **尾段補強與尾翼製作**：在機身完成後，接著是水平尾翼與垂直尾翼的製作。在小型無人飛機上，尾翼的翼型影響不大，因此常直接以對稱翼型或是板狀材料製造即可；本文以珍珠板為尾翼材質做介紹，首先選定 5mm 厚度之珍珠板為使用材料，畫出水平尾翼形板並裁切下來。

接著使用美工刀或雕刻刀刻出碳纖棒的凹槽，也可以使用電烙鐵畫出凹槽，接著假組合碳纖棒和凹槽是否完全吻合，若有誤差則必須做細部修改，完成後即可進行膠合，本文使用 AB 膠做膠合，因為翼面會使用燙紙進一步包覆，可以減少 AB 膠氧化的作用，延長使用壽命；垂直尾翼做法也如同，如圖 10.7 所示。

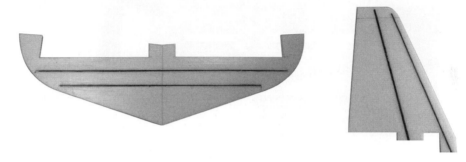

▲圖 10.7　水平尾翼與垂直尾翼埋入 3mm 碳纖棒

此外，值得注意的是，以 5mm 厚度之珍珠板製造之水平尾翼與垂直尾翼，應將其前後緣以砂紙適當的磨圓，以減少空氣的阻力。若要進一步減少阻力，可以將水平尾翼與垂直尾翼之後緣磨成流線型，此時須注意留下適當厚度並以較強固之材料補強，以減少日常操作時之易損性，延長使用壽命(例如燙紙，或以膠帶加強)。

6. **尾翼與機身尾部結合**：機身尾部結構連接垂直尾翼與水平尾翼，為主要控制面之位置；由於需要傳遞控制力矩，因此結構上須予強化，而垂直尾翼與水平尾翼之結構須盡量能與機身縱樑結合，以使俯仰控制力矩能傳遞至整架飛機。

此時底板、側板、隔板必須呈現緊密接合無虛位的結構，且須依據先前畫出的定位水平線加以精準定位，以避免飛機先天不平衡的操作問題。接著將水平尾翼嵌入機身尾段進行校正；校正時可將機身放置於一水平桌面，水平尾翼左邊離地高與右邊離地高必須一致，校正完成無誤後即可膠合。

　　在固定機身與尾翼之翼面時，可使用 AB 膠黏合，並運用三角木條以強化結構，增加膠合之接觸面積，以提高強度，如圖 10.8 所示。水平尾翼與底板中心線需預留孔位給垂直尾翼，所以垂直尾翼根部可直接插入預留的孔位，做緊密的黏合；除了對準中心線以外，還可以減少虛位的可能，如圖 10.9 所示。

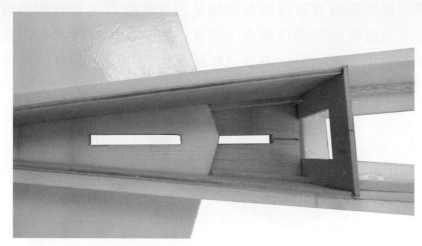

▲圖 10.8　水平尾翼嵌入接合

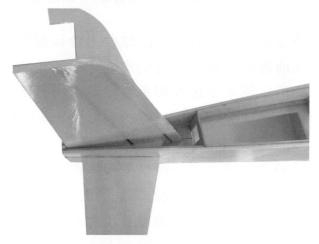

▲圖 10.9　垂直尾翼嵌入接合

　　值得注意的是，在小型無人飛機的應用上，水平尾翼及升降舵負責提供飛機的俯仰控制，所承受力量較大，因此裝置時須特別考慮力量的傳遞與結構之補強；但是在應用在小型無人飛機的垂直尾翼，一般說來並不承受太大力量，因此僅需加以確實固定，不需要特別補強。

7. **防火牆製作**：在飛機上有失火疑慮的區域(動力區域或是電力艙)通常會設置防火牆；防火牆製作如同隔板，主要功能為將可能發生高熱或火災之區域與飛機上其他區域加以間隔，一旦失火則火災不致迅速蔓延，保護重要裝備以爭取緊急處置的時間。常用的防火牆材質有航空夾板、鋁合金板、鈦合金板等。

　　值得注意的是，防火牆並不真正"防火"，主要是用來"阻擋"與"延遲"火勢，爭取飛行員滅火是轉降／迫降的時間。

　　在前置單發動機飛機之配置上，通常為了減輕結構重量，可以將位置接近，且需要承受較大應力的發動機座、防火牆以及起落架基座加以整合成為單一結構組件。由於動力系統安裝與前輪起落架的應力較大，因此可以將 3mm 或 2mm 的航空夾板以 2～3 層膠合以加強結構，因為接合面呈現永久密閉式，所以使用 AB 膠黏合較為妥當，完成後再將馬達固定座與前起落架固定座的線與孔位畫出，如圖 10.10 所示。

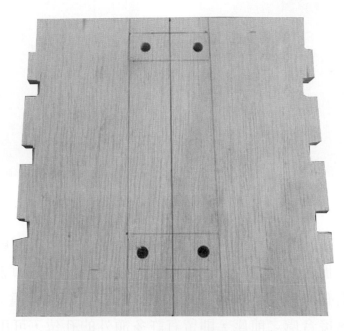

▲圖 10.10　防火牆畫線與孔位

　　防火牆以及相關孔位完成後，可以將四爪釘以 AB 膠固定於孔內，再以內六角螺絲固定前起落架之機構，如圖 10.11。固定完成後如圖 10.12，注意前起落架固定座正面與背面，以及前起落架之轉向座之設計。

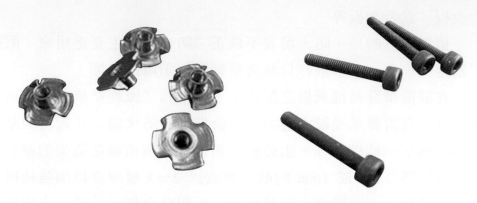

▲圖 10.11　四爪釘與內六角螺絲

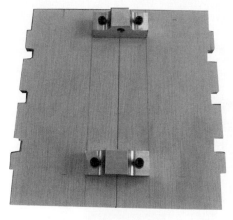 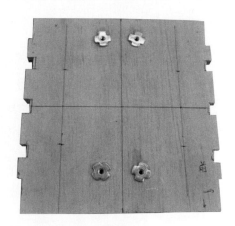

▲圖 10.12　前起落架固定座正面與背面

　　接著是固定馬達轉接座，如同上面作法使用四爪釘與內六角螺絲，如圖 10.13、圖 10.14。圖 10.13 是常見的市售馬達座，其設計上特點有：

(1)　底座上有減重孔，在維持適當強度的前提下減輕重量。

(2)　與馬達接合處之前座，則留有許多額外的孔位，可用以調整推力線使用。

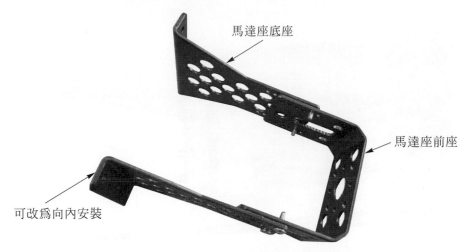

▲圖 10.13　馬達轉接座

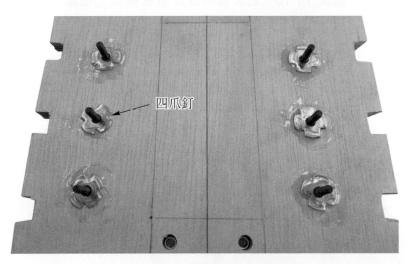

▲圖 10.14　馬達轉接座背面

8.　**組合與前起落架**：完成後即可與機身做結合並膠合，如圖 10.15、圖 10.16 所示。

　　靜置 30～50 分鐘膠合乾燥硬化後，即可安裝動力系統與前起落架轉向系統，如圖 10.17 與圖 10.18 所示。值得注意的是，馬達座底座的部分除了類似圖 10.17 兩側向外安裝外，亦可以將其向內側安裝，如此可以適應截面較小的機身的設計，對於不需要大型機內空間或是貨艙的飛機，可以減少機身截面積，以降低阻力。

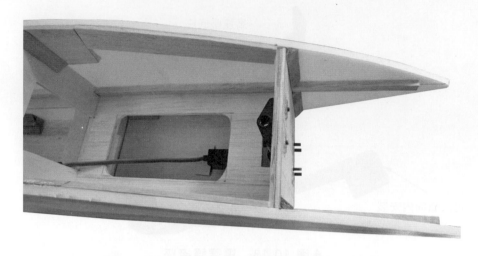

▲圖 10.15　防火牆與機身接合補強上視圖

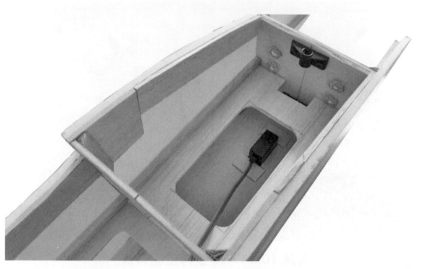

▲圖 10.16　防火牆與機身接合補強內部圖

　　另一個重點是前起落架的安裝位置選擇。參考第 5-4 節之說明。一般說來，前起落架應該適度向前安裝，與主起落架之距離較長時，飛機的地面操作性較佳，同時前起落架所分配到承受之飛機種量較小(因爲力臂較長)，因此前起落架之結構強度需求(與重量)得以減少；但是若前起落架過度向前安裝，則所承受之飛機重量會過小，則其正向力不足，此時將導致前起落架之轉向摩擦力不足，飛機的地面操作性反而降低。因此前起落架的適當位置配置是很重要的。

▲圖 10.17　馬達動力系統安裝

▲圖 10.18　前起落架轉向機構(此圖已將飛機機腹朝上放置)

9.　**主起落架安裝**：主起落架在設計上需要能支撐大部分的機體重量，加上降落時觸地與地面磨擦時產生的局部衝擊應力，因此主起落架根部與機身接合處須能承受呈垂直方向以及向後拉扯的應力。主起落架之固定結構必須與機身呈現縱向，來承受起落架集中的應力，如圖 10.19 所示。主起落架安裝位置在第 5-4 節以及第 7 章已有說明。

　　本設計使用 20mm×20mm 的實心白楊木條以縱向方式膠合於腳架固定的上方，即機身內部。

　　白楊木條必須要貫穿隔板；而實心白楊木條與隔板之適當接合還可以進一步將主起落架所受應力分散到整個機身。膠合完成後再用三角木條做垂直面的補強，以增加膠和接觸面積與強度。完成後可以使用白膠塗滿整個結構，使液態白膠滲透填滿空隙，乾燥後呈現透明膠狀，堅固又兼具美觀。

　　若是載重較輕，設計上可以以手擲或是彈射起飛的小型無人飛機，則可以考慮直接以強化之機腹加上吸震與可磨損之材料後，操作時直接以機腹著陸；如此可省除所有主起落架以及前起落架之結構與設計，大幅度降低設計與製造時之困難度，並可以減少飛行時之阻力，提高飛機之性能，值得在設計階段考慮。

▲圖 10.19　主起落架根部結構

　　在結構乾燥完成後，翻至機身底部，在底部標示出主起落架所點的記號，然後使用微型鑽孔器鑽 2.5mm 的孔，最後以 3mm 的內六角螺絲攻牙鎖緊主起落架即完成，如圖 10.20 所示。

▲圖 10.20　主起落架固定

10. **機身完工與美化**：機體製作的最後一個步驟是進行機身燙紙。燙紙以其張力提供收縮力，可提高機體強度，且提供適當防水功能並保護機體材料，適當設計的燙紙並兼具美觀之效果。

　　燙紙施作時有三個要點，必須由點、線、面依順序製作，例如有一塊正方形，第一步就是使用模型用熨斗先在等同大小的燙紙由四個角落先燙上去，由左至右或由右至左上下兩角落加熱撫平，四個角落燙好之後須確認中間是否服貼，然後再燙上下左右四個邊框，最後才是中間的部位，過程中皆須畫圓的方式將燙紙撫平。全機完成後即可檢查是否完全貼平於機身，之後可使用吹風機進一步均勻加熱處理，可使燙紙更加緊實。

10-2 機翼

機翼製作的方法有很多種，有的是內部使用保麗龍裁切出翼型後，在外表包覆玻璃纖維，或是可以將保麗龍裁切外型後再包覆巴爾沙木，或是以保麗龍成形並在內部插入金屬樑、木質樑或是碳纖維管作為機翼大樑，補強外表蒙皮處理製成。

機翼的目的是提供升力使飛機能夠飛行，所以機翼不但需要重量輕結構強，在飛機飛行時，由於機翼受力很大，通常機翼會有少量變形；此時，設計與製造上如何預留變形之餘裕，以及如何維持準確的氣動力外型以及正確的角度更是製造上的主要挑戰與重點。而在結構上，為維持機翼結構的強度與完整性，**機翼的翼樑必須盡可能維持整體材質連貫不中斷的配置**，使機翼受力可以連續傳遞，可提升結構效率並避免機翼過度變形。

本文將介紹使用材質輕結構強的木質機翼作法與成本低製造快速的保麗龍材質機翼作法。

10-2.1　木質機翼

傳統小型無人飛機之機翼以木質構成。木質機翼的優點是結構穩固、施工之準度高、重量輕；缺點是木質材料成本較高、製作較不易、花費時間較長。

製作時首先須製作翼肋，一般作法可使用雷射印表機將選定翼型截面輸出至紙上，再將機翼版型描繪在材料上面；材料可使用 2mm～3mm 的巴爾沙木或是航空夾板，通常手工切割較不容易且精準度較差，若有足夠的預算可以外包給廠商使用 CNC 雷射切割機製造翼肋，如此可切割精準且快速容易。設計時須預留主樑與伺服機延長線的孔位，如圖 10.21 所示，單邊機翼翼肋數越多則縱向結構較強，通常間隔約 10～15 公分。

切割完成之後，檢查每片翼肋是否有瑕疵、裂痕、失去精準度等，檢查完畢即可裁切翼樑的孔位或伺服機延長線的孔位。至於翼樑可由航空夾板、碳纖維管或是白楊木條等強度較高材料製成，本文使用碳纖維管搭配 **5mm×3mm×1850mm** 的白楊木條製成翼樑，翼肋架構以 10～15 公分為間隔，單邊機翼後緣的翼肋需切除翼後緣一小部分作為副翼的控制面，佈置結構時翼剖面與翼樑需緊密嵌入並控制其正確位置，如圖 10.22 所示。

　　另外值得注意的是，製作機翼結構時需放置於平整之桌面，並以水準儀加以確認，還須搭配紙膠帶或是大頭針用來輔助固定尚未膠合的機翼，直到翼肋與翼樑以各種角度測量、對準預先畫好的基準線並目視對齊無誤後，才可逐步膠合。另外一種方式是在桌面黏貼 1：1 比例的機翼框架設計圖，如此來翼肋與翼樑配置按照設計圖紙型板對齊製作即可。

▲圖 10.21　巴爾沙木所製翼肋

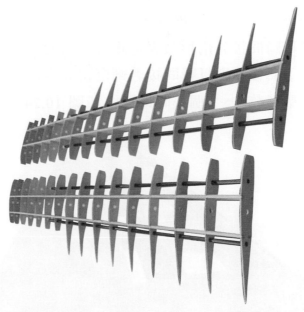

▲圖 10.22　翼肋、翼樑、碳纖棒架構

　　機翼翼樑架構前後可以巴爾沙木或航空夾板夾住翼樑，加強支撐性，如圖 10.23 所示。

　　以上皆組合無誤後即可膠合，巴爾沙木與航空夾板接合的部分可使用瞬間接著劑膠合，每個部位稍微以瞬間接著劑膠合固定後，每個接觸面還須以白膠加熱開水(比例是 5：1，白膠 5 熱開水 1)，充分攪拌均勻之後用毛刷或水彩筆在接合面補膠，目的是為了使膠料滲透進木材的毛細孔裡並且緊密黏合，上膠完成後放置通風處陰乾約一天的時間。

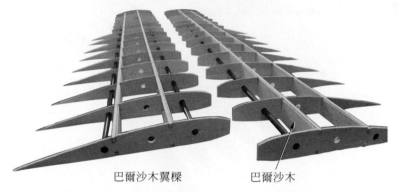

巴爾沙木翼樑　　　　　　巴爾沙木

▲圖 10.23　翼樑使用巴爾沙木加強結構支撐

　　以上步驟完成後，接著使用 1.5mm 巴爾沙木做為機翼表面蒙皮，包覆單邊機翼部分的上下翼後緣，將巴爾沙木薄板裁切出適當的大小之後即可膠合。初步膠合還是以瞬間接著劑稍微固定膠合，再使用白膠加熱開水混合均勻塗在接合處，上下翼後緣則以瞬間接著劑緊密黏合即可，上膠完成後放置通風處或使用電風扇風乾 1～2 個小時即可，如圖 10.24 所示。

▲圖 10.24　翼後緣包覆膠合

　　在翼樑與翼肋完成後，接著是包覆機翼後半段的翼後緣製作，製作方法如上，翼前緣的部分本文使用保麗龍製作，保麗龍塑形容易，但缺點是準度不高且強度低，所以如果預算充裕，則建議使用巴爾沙木木片與木條來製作，最後再使用木工專用刨刀削出翼前緣的形狀然後以砂紙細磨即可。製作示意圖如圖 10.25。

▲圖 10.25　翼前緣使用保麗龍以砂紙細磨成型

　　機翼前緣成型後，要使用巴爾沙木包覆，作法如同翼後緣包覆，如圖 10.26 所示。

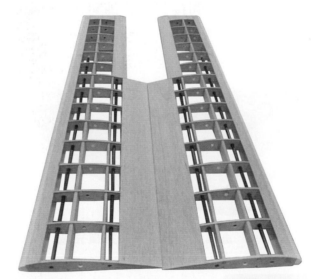

▲圖 10.26　機翼前半段使用巴爾沙木包覆

接著是將翼尖加以包覆使翼尖氣流整流。前面第一部分有介紹機翼的翼尖有翼尖渦流，會形成很大的阻力，所以適當的翼尖包覆處理以減少渦流阻力之效應；若能製造翼尖小翼則通常效果更好。

在機翼翼端完成後即可黏合於翼尖並加上一塊半橢圓形的巴爾沙木，巴爾沙木還需有小三角形做支撐的結構如圖 10.27 所示。

▲圖 10.27　半橢圓形的巴爾沙木整流結構翼面下方

上下翼尖結構完成後即可使用 1mm 巴合爾沙木做完整的包覆，由於 1mm 巴爾沙木輕薄易塑形，使用瞬間接著劑膠即可，如圖 10.28 所示。

▲圖 10.28　翼尖包覆完成

圖 10.28 的構型其實是不正確的。讀者可以說出原因嗎？

　　接著是製作伺服機安裝的孔位，伺服機安裝方式可參見第 9 章。伺服機通常安裝在副翼中間的位置，此時伺服機帶動舵角片所提供的拉力可以較平均分佈，伺服機固定座須以較具結構強度之材料(例如使用 2mm 航空夾板)來製作，固定於翼樑上以提供伺服器足夠的支撐，再以三角木條強化結構；如此可提供伺服器在飛操面上所需之作用力之支撐，並有適當的可維修性，避免拆裝時導致結構受損；製作如圖 10.29 與圖 10.30 所示。

▲圖 10.29　伺服機固定座

▲圖 10.30　伺服機固定座以三角木條補強

　　機翼各部位細節檢查是否有緊密黏合，檢查完畢即可包覆燙紙。燙紙不但作爲機翼表面之蒙皮，由於燙紙收縮的力量會對機翼結構產生預應力，可以提高結構強度，對減輕結構重量很有助益。

　　本文以透明燙紙做示範並且可清楚透視內部結構。首先第一步是包覆中間透明的部分，一樣須以點、線、面的步驟使用模型專用熨斗燙上，建議燙紙包覆是整面燙上去避免分段，不連續的燙紙會分散燙紙的張力，降低整體結構強度。點、線燙好之後即可使用熱風槍或是吹風機熱烘燙紙表面，如此一來燙紙可以均勻分布表面，冷卻時會燙紙收縮形成緊實的蒙皮，如圖 10.31 所示。

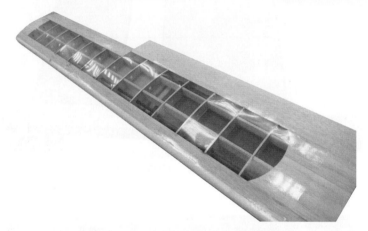

▲圖 10.31　透明燙紙完成圖

　　接著是在其他部位包覆白色燙紙，建議先由機翼上表面開始，邊緣的部分可直接往機翼下表面折過去再用熨斗加熱處理即可，最後再使用熱風槍或吹風機均勻加熱，冷卻後即可完成，如圖 10.32 所示。

▲圖 10.32　機翼蒙皮完成圖

最後是副翼的製作，顯示如圖 10.33。副翼使用保麗龍裁切後，再使用 1mm 的巴爾沙木黏貼於上下表面以強化副翼之強度，再依照燙紙步驟燙上紅色燙紙，安裝副翼的方式可參考第 9 章。

▲圖 10.33　副翼安裝完成圖

🛩 10-2.2　保麗龍機翼

保麗龍機翼製作上通常較簡單，也比較容易製成正確的翼型。保麗龍機翼製作首先必須考慮的就是所需切割的翼型，一般來說裁切保麗龍機翼有兩種做法。

比較不需要設備的做法，是運用電熱絲，自製保麗龍裁切工具；先將翼型藉由雷射印表機輸出，轉印至航空夾板，將航空夾板裁切下來之後即為形板，記得要將輪廓邊緣磨平，使它呈現光滑低粗糙度，以避免電熱絲裁切行進過程因粗糙面而影響行進時的裁切品質。

形板準備好後即可準備裁切機翼的長、寬、厚度的保麗龍，如圖 10.34 所示，保麗龍上方使用重物壓住固定，側邊可使用鐵尺用雙面膠固定於保麗龍，再用電熱線由上往下裁切。接著使用剛剛切割下來的航空夾板翼形黏貼於保麗龍左右兩邊，以電熱絲滑過機翼上表面與下表面即可完成。

如果能購置 CNC 保麗龍切割機台，那可以很容易運用 CNC 保麗龍切割機台切割翼形。如圖 10.35 以及圖 10.36 所示。

▲圖 10.34　保麗龍裁切

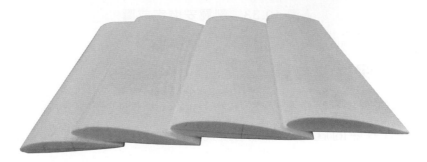

▲圖 10.35　機翼裁切完成

▲圖 10.36　CNC 保麗龍切割機台

　　受限於保麗龍之原始大小尺寸，機翼往往需要分段製造；分段切割完成後之機翼如圖 10.37 所示。接著是機翼接合處理，每段機翼接合面可使用 3mm 碳纖棒鑽孔插入，再灌入 AB 膠接合，有效增加附著力。

▲圖 10.37　使用碳纖棒機翼對插

　　在各機翼塊接合完成後，接著依據本節前述之步驟，做翼樑開槽埋入碳纖棒、處理伺服機延長線的溝槽、伺服器安裝座、副翼襟翼開槽，如圖 10.38 所示，這些動作完成後即可包覆燙紙做表面處理，最後再安裝伺服機及飛操面。

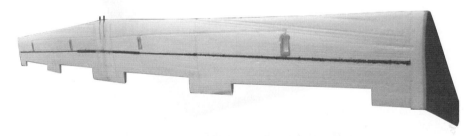

▲圖 10.38　機翼接合補強開凹槽後

燙紙包覆完成後即可安裝飛操面，如圖 10.39 所示。

▲圖 10.39　飛操面安裝完成

　　而為了減少翼尖阻力，可以安裝翼尖小翼。翼尖小翼的作法首先是製作出翼尖小翼的航空夾板形板，搭配減重孔減輕重量，如圖 10.40 所示。完成後即可以適當角度傾斜黏合於翼尖，如圖 10.41 所示。

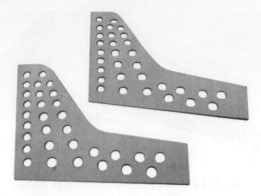

▲圖 10.40　翼尖小翼示意圖

▲圖 10.41　翼尖小翼包覆塗裝完成

▲圖 10.42　機翼製作完成

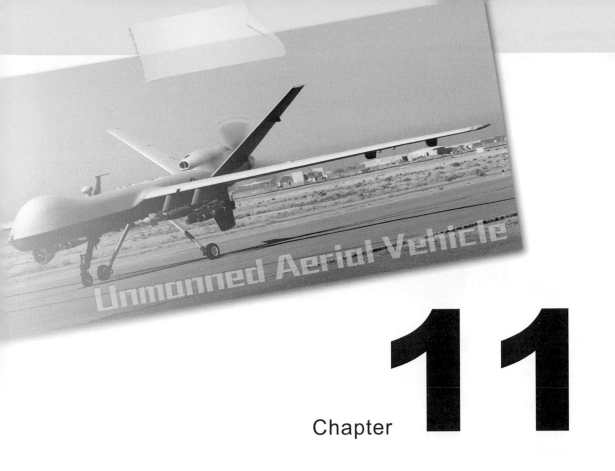

Unmanned Aerial Vehicle

Chapter **11**

動力系統安裝

動力系統的安裝非常重要，如何以最少的螺絲、螺帽固定動力系統，並能顧及可維修性、拆裝之可及性等是動力系統安裝時的主要考慮依據，以下將介紹不同的發動機之系統安裝的方式。值得注意的是，安裝時除了以重量輕、穩定的方式安裝外，還需要考慮動力系統之推力線以及運轉產生的反扭力，須要以正確的偏角來安裝。

11-1 電動馬達

11-1.1 電動馬達之安裝

在各種動力系統中，電動馬達之安裝通常是最簡單的。無刷馬達雖然規格、尺寸、輸出動力有很多種，但一般來說，中小型的電動馬達之固定方式、螺絲的孔位皆大同小異，無刷馬達固定方式簡單說明如下：

1. **木條固定法：** 先將白楊木條固定於機身(一般木條尺寸為 10mm×10mm)，再將馬達固定於塑膠馬達座，完成後即可套入木棒使用螺絲鎖緊固定即可，如圖 11.1 到圖 11.3 所示。

    木條固定法的主要優點是簡單方便，而且木條的基座較長，可以比較精確的調整出正確的推力線及做出適當的反扭力偏角。木條固定法亦可以使用鋁製方管來替代，效果也類似。圖 11.4 為鋁方管的安裝情況，也可以清楚看出適當的偏角。

▲圖 11.1　塑膠馬達座

▲圖 11.2　木條與塑膠馬達座結合

▲圖 11.3　動力系統總成固定於機身

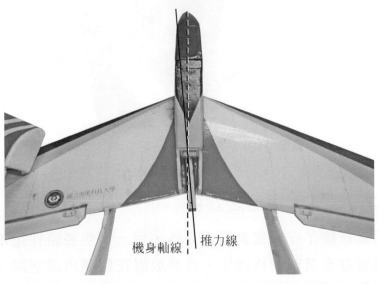

機身軸線　推力線

▲圖 11.4　鋁方管的安裝情況，也可以清楚看出適當的反扭力偏角

2. **十字盤固定法**：另一種常見的安裝方式是十字盤固定法。購買馬達時，零附套件中通常會有一個十字固定盤，如圖 11.5。十字盤的使用方法是將十字固定盤與馬達結合鎖緊之後，再轉接到飛機的防火牆上即可固定，如圖 11.6 所示。

    這個方法重量最輕，構造也最簡單。但是安裝時，確認推力線的準確性以及定位適當的反扭力偏角則較為困難；常見的微調方法是在與防火牆固定處加上墊片，以墊片數量來調整發動機之反扭力偏角。

▲圖 11.5　馬達與十字固定盤

▲圖 11.6　馬達總成固定於防火牆

11-1.2　電子變速器之安裝

電動動力系統除了安裝電動馬達之外，另一個重要組件是電子變速器。電子變速器通常在安裝時較為簡單，直接放置在機體內部空間，或是以束帶固定於馬達座附近即可，不需要考慮太多因素。但仍有下列事項需要注意：

1. 電子變速器由於需承受較大電流，故需要考慮其散熱，安裝位置需要能通風，若為大型無刷馬達(50A 以上)所需搭配之電子變速器，則需要考慮是否需要安裝散熱風扇或設置進氣道強制通風，以避免過熱損毀，可參考圖 11.7。

2. 電子變速器由於需承受較大電流，甚至在某些時候會有短時間過載的狀況，因此電子變速器的燒毀損壞時有所聞。有鑑於此，電子變速器在安裝時必須要考慮可維修性，也就是拆裝的容易程度。

3. 安裝時另需要考慮動力電源線的安裝方式。由於動力電源線須承擔大電流，往往使用較粗的電線，若安裝時安排不恰當，則過長的動力電源線會增加不必要的重量。此外，不恰當的安排，也可能使動力電源線過度彎曲，容易產生接頭斷裂或是電線導通性的問題，在佈線時須加以注意。

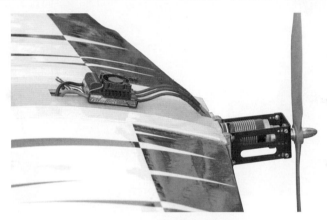

▲圖 11.7　後推式馬達設計，運用散熱風扇強化電變之散熱

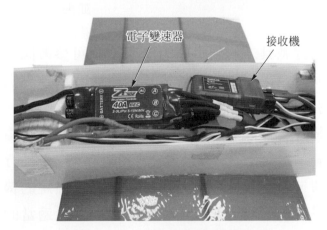

▲圖 11.8　競速機電變安裝方式

11-2 內燃引擎

　　內燃引擎由於活塞進行往復式運動時會產生很大的震動，所以內燃引擎周邊的零件建議使用材質較硬的碳鋼內六角螺絲、防脫螺帽等；此外，也需要裝置橡膠墊片等隔絕震動的裝置以減少往復式內燃引擎的震動傳遞。有些內燃引擎買來就有發動機座，只要與飛機防火牆的孔位相符，直接鎖上即可；有些內燃引擎購入時則需要另外的轉接座來加以固定。典型的內燃引擎安裝方式如圖 11.9 及圖 11.10 所示。

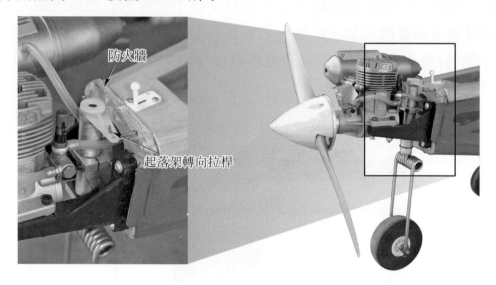

防火牆

起落架轉向拉桿

▲圖 11.9　內燃引擎轉接座　　　▲圖 11.10　內燃引擎轉接座固定於防火牆，並與起落架一起裝置

　　後推式無人飛行載具之內燃引擎的安裝方式可參考圖 11.11 的作法，將內燃引擎與玻纖板結合後固定於機身後端，與機身之鎖點則套上橡膠墊片以隔絕與降低內燃引擎運作時之震動，減少機身所受之影響。

　　內燃引擎安裝時另一個需要考慮的重點是排氣裝置。由於內燃引擎需要排放燃燒後之廢氣，加上常有不完全燃燒之情況，或是二行程燃然引擎需要在燃油中混入機油，因此廢氣中不可避免有未完全燃燒的機油，這對一些需要比較潔淨的光學感測儀器造成很大的困擾。因此，適當的安排廢氣排放位置也是考慮的重點之一。

注意汽缸露出機身上面以提高空氣流冷卻效果。

防火牆

橡膠減震墊片

▲圖 11.11　後推式 UAV 內燃引擎安裝方式

　　前置內燃引擎通常因為螺旋槳吹出的氣流向後通過內燃引擎後再通過機翼，因此像圖 11.10 這種前置內燃引擎的氣動力效率通常較好，此外向後吹出的氣流會通過內燃引擎，因此散熱效率亦較佳；但是此時廢氣排放就比較有可能干擾到感測器酬載。

　　後推式安裝的好處是廢氣排放幾乎完全不會干擾到感測器酬載，但是整體來說的散熱與氣動力效率較差，此外，類似圖 11.11 將機身尾段直接切斷成一個平面的裝置方法，雖然在系統配置上很簡潔，結構上效率也很高，但是所付出的代價是阻力也比較大。

11-3 反扭力

　　馬達或往復式發動機運轉時，會產生一個扭力以轉動螺旋槳(記得前述的物理觀念嗎？馬力是功率的單位；而功率，是力乘上力作用的距離；因此，馬力是扭力乘上轉速所得的值)，依據作用力與反作用力之原理，在機體上會產生一反扭力；根據牛頓第三運動定律-作用力與反作用力，兩物體互相施力時，力量大小相同方向相反，例如一顆外轉子無刷馬達當馬達逆時針運轉時，固定馬達的十字盤與防火牆會出現順時針反轉的力量，這就是反扭力，如圖 11.12 所示。

十字盤
防火牆

▲圖 11.12　反扭力示意圖

　　一般來說常用的螺旋槳槳徑達到 6 吋以上的尺寸就會產生較明顯的反扭力，槳徑越大反扭力越大，解決辦法是將馬達座固定於防火牆時，將推力線做一偏角即可適當的抵銷反扭力，以機鼻朝向機尾看去時，前拉式發動機或馬達之馬達座必須做左下 1～3 度的偏角，如圖 11.13 與圖 11.14 所示。

▲圖 11.13　向下 1 度偏角(此機形 0 度偏角，視機型而定)

▲圖 11.14　以機鼻朝機尾看向左偏 1 度

　　而後推式發動機或馬達則以機尾朝機鼻看去，馬達座必須做右上 1～3 度的偏角，如圖 11.15 與圖 11.16 所示。亦可參考圖 11.4。

▲圖 11.15　以機尾朝機鼻看向右偏 1 度

▲圖 11.16　以機尾朝機鼻看向上有 1 度偏角

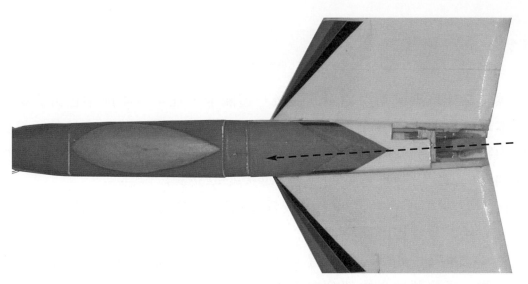

▲圖 11.17　後推式發動機推力線方向及其安置時所預設之反扭力偏角

　　若是雙發動機飛機則可以將左右兩側之兩個馬達或發動機之螺旋槳旋轉方向設定相反，或以前後配置的方式(注意此時螺旋槳旋轉方向亦需設定相反)，此時兩個螺旋槳之扭力相互抵消消除，發動機座則不需要任何偏角配置。

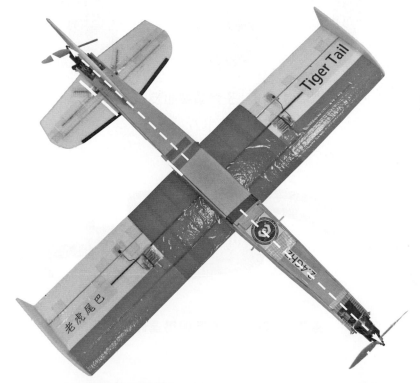

▲圖 11.18　前推拉式雙發動機配置，此時不需要任何偏角配置

11-4 螺旋槳之固定

　　螺旋槳作為飛機動力輸出的最後一道關卡，在第 3-4 節中已針對螺旋槳之基本理論以及螺旋槳的選配加以說明。在裝置螺旋槳時，由於其承擔動力輸出的特性，以及長時間承受高速轉動與震動的工作環境，因此螺旋槳與發動機軸間的固定，是很重要的課題。

　　在小型無人飛機的應用上，較常見的固定方式有兩種，第一種是子彈頭，另一種則是螺旋槳保護器。

　　圖 11.19 為子彈頭固定裝置。其本質是一個有錐度的子彈頭軸心以及一個子彈頭。子彈頭軸心的部分套入馬達軸心，當螺旋槳套上後，若將子彈頭栓得越緊，由於子彈頭軸心錐度的緣故，子彈頭根部的夾頭就夾得越緊。

▲圖 11.19　子彈頭軸心及子彈頭

▲圖 11.20　子彈頭與馬達假組合

　　將螺旋槳套入子彈頭後，利用直徑約 3mm 的鋼絲插入子彈頭，左手固定馬達與螺旋槳，右手則以順時鐘方向旋轉鋼絲與子彈頭栓緊，如圖 11.21 與圖 11.22 所示。**注意此時轉緊方向與螺旋槳工作方向應該相反**，以避免馬達轉動時的扭力使螺旋槳鬆脫。

▲圖 11.21　將鋼絲插入子彈頭

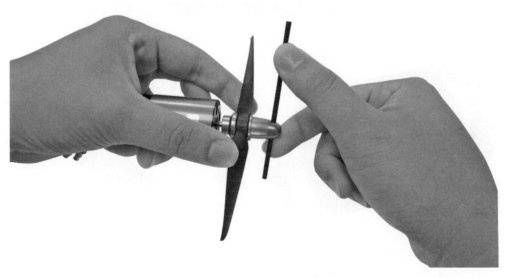

▲圖 11.22　將子彈頭栓緊

　　至於另一種固定方式則是螺旋槳保護器。螺旋槳保護器相對是較為簡單的固定方式，基本上是利用兩側螺絲將螺旋槳保護器(如圖 11.23)套上動力馬達的軸心鎖緊，如圖 11.24 所示，再將螺旋槳套入螺旋槳保護器，並使用橡皮筋以八字繞法將螺旋槳固定，如圖 11.25。

　　此方式在小型無人飛機之螺旋槳撞擊地面時可利用橡皮筋的彈性吸收碰撞力量,可降低螺旋槳的損壞率。但是此作法只適合使用於 500 級以下,1000KV 左右低轉速的電動馬達配置,因為馬達轉速過高或馬達級數太高的配置,橡皮筋固定法將無法在高速與高扭力的轉動下承受應力變化,容易在旋轉中使螺旋槳鬆脫而發生危險。

▲圖 11.23　螺旋槳保護器

▲圖 11.24　螺旋槳保護器安裝方式　　　　▲圖 11.25　橡皮筋固定法

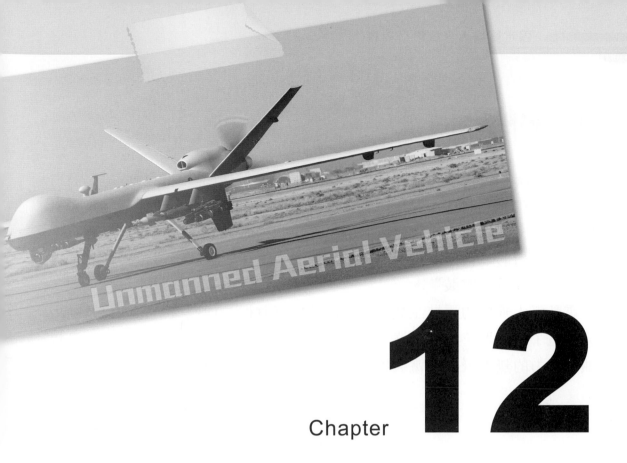

Unmanned Aerial Vehicle

Chapter 12

基本操控設備

12-1 遙控與電裝

　　遙控操控無人飛機的基本原理是由無線電發射機(遙控器發射晶體)發射指令訊號，由無人飛機上裝置的接收機天線接收，接收機再將所接收到來自發射機的指令訊號解碼後，轉成動力電流控制伺服機，再由伺服機推動飛操面來改變飛機的氣動力外型，以控制飛機的姿態；一般統稱這些安裝於飛機上的電氣設備為 "電裝"。

　　電動無人飛機的電裝主要由控制部分的接收機、伺服機、電池以及動力部分的電子變速器、無刷馬達、與動力電池所組成，如圖 12.1 所示；若是以燃油為動力的無人飛機之電裝則包含接收機、電池、伺服機等控制部分的項目。

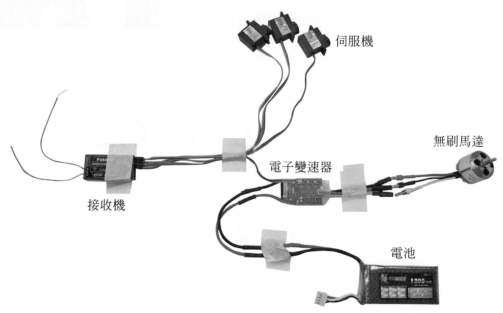

▲圖 12.1　安裝在飛機上的基本電裝

12-2 發射機

　　由於頻道資源有限，早期遙控模型玩家所分配到的發射機無線電波頻率大多數為 27MHz、35Mhz、72MHz，以 FM 類比編碼方式(PPM or Pulse Position Modulation)，由發射機/接收機傳遞指令訊號；這種 FM 訊號傳遞主要的缺點是容易被雜訊干擾；FM 類比編碼方式與普通收音機的電磁波一樣，在法令限制發射機功率的情形下，距離越遠則接收機可以接收到的訊號強度越弱，而背景雜訊則越多越雜亂；因此距離較遠時，常會因接收的雜訊過多而使飛機接收機誤判指令訊號，而導致飛機失去控制後墜毀。

　　FM 類比編碼發射機/接收機另一個比較大的問題是干擾。前文有提到飛行時務必確認其他飛行操控者的頻率是否重複，若遙控器發射頻率重複，則通常有一方必須同時更換發射機以及接收機的石英晶體頻率，才能避免干擾的問題。

　　一般來說，發射機的晶體與接收機的晶體倆倆一對；例如發射機晶體頻率為 72.23 MHz，則接收機的晶體也要使用 72.23 MHz 才能匹配。較高階的發射機有可變頻式的發射模組，可隨著接收機的頻率不同而調整，如圖 12.2 所示。

▲圖 12.2　左邊為發射機可變頻模組，右邊是接收機與石英晶體

　　然而普遍使用的 72MHz 遙控器，即使頻率完全匹配正確，還是太容易受到干擾；因此業界後來發展出另一種稱之為 PCM (Pulse Code Modulation)的訊號傳輸方式；PCM 是一種數位編碼訊號，對於雜訊過濾的能力較強，確定訊號後再傳送給伺服機，大幅降低雜訊干擾所造成的誤判動作，所以整體運作相對可靠；

主要缺點是不同廠牌無法相容使用，六動以上的發射機常有 FM 跟 PCM 兩者可設定使用的功能[1]。

　　近年來新一代的發射機則改以 2.4G 的頻率運作。2.4G 展頻技術就是發射機與接收機的頻率以同步跳頻的方式進行連線，當發射機電源打開，接收機亦有供電時，發射機與接收機雙方會自行對頻，完成之後，兩者間的傳輸幾乎可以完全避免雜訊及來自其他遙控器之干擾，因此飛行時也不必與其他飛行參與者溝通即可直接使用發射機；且因為頻率高，與 FM(PPM)和 PCM 相較之下傳輸距離較遠。整體來說 2.4G 比 FM 和 PCM 可靠許多，但是接收機無法與他廠牌相容，價格也較 FM、PCM 昂貴。

▲圖 12.3　FM、PCM 傳輸模組

▲圖 12.4　2.4G 傳輸模組

Reference

[1]　http://www.jcrc.com/news/Articles/Article-PPMvsPCM.htm

12-3 電裝

　　如前所述，電裝一般是指安裝在無人飛機上，隨飛機飛行的基本電子相關儀器與設備；以下將介紹基本電裝之原理與使用方式。

12-3.1　接收機

　　如上所提到，接收機採購時必須與發射機通訊方式相容，通常最基本的就是四動作(4 channel)接收如圖 12.5，動數越多可使用的功能就越多，相對的價格越高。

▲圖 12.5　四動作 FM 接收機[29]

12-3.2　馬達

　　如前面第三章"動力系統"中所提到，針對不同的機型、尺寸、重量，動力系統有不同的搭配方法，搭配不同的螺旋槳輸出時會有不同的電流大小的需求。由功率計算 $P = V \times I$ 得知，假設一顆無刷馬達額定功率為 300 瓦，使用電壓 11.1V 的電池搭配螺旋槳測得電流為 40 安培,則功率為 444 瓦超出馬達額定功率範圍，會使馬達線圈燒毀，此時馬達必須升級或是變更螺旋槳搭配使功率下降，以符合馬達與電子變速器之規格需求。

✈ 12-3.3　電子變速器

　　電子變速器主要提供運轉速度的指令給動力馬達，如前面第二章所介紹，電子變速器輸出端的三條線假設為 A、B、C 訊號線，A 輸入正電 C 為負電，則會驅動馬達，下一個則 B 輸入正電 A 為負電，接著 C 輸入正電 B 為負電以此類推如下圖 12.6 所示，當正半波 A 輸入▨負半波 C 緊接著輸入▨，再由正半波 B 輸入▨負半波 A 緊接著輸入▨依此類推。

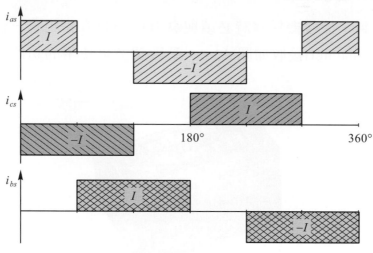

▲圖 12.6　馬達旋轉三相電流[2]

　　當馬達運轉時這種高速傳遞訊號會消耗部分功率而產生熱能，所以電子變速器必須放置於機體通風良好的位置，甚或是加裝散熱風扇以避免過載燒毀，如圖 12.7 所示，並注意飛機運轉時產生的電流是否超過電子變速器額定值。

　　例如一顆電子變速器限電流 40 安培，馬達搭配螺旋槳全速運轉時測得電流值為 42 安培，則無法使用，必須增大電子變速器規格，若測得電流為 38 安培，也盡量避免使用，若 35 安培上下即可做為安全裕度值。但是在特殊狀況下，例如參加競速比賽的飛機，若僅於為時甚短(十數秒至數十秒)的參賽時段將電流輸出至極限，且在電子變速器高溫斷電保護模式安全範圍之下，則仍值得冒險一試換取極限功率輸出。

🚁 Reference

[2]　無刷馬達相位介紹網頁。

▲圖 12.7　電子變速器的裸露可幫助散熱

12-3.4　伺服機

　　伺服機功能與作動原理，是來自於發射機操作時送出的訊號由接收機收訊，再將訊號傳送給伺服機，根據訊號輸出量伺服機作動的行程量也有所不同，伺服機左右擺動的位移量藉由機械結構傳遞給飛機的飛操面，藉此達到控制飛機動向的目的。

　　通常伺服機有三條輸入線，為黑、紅、白或棕、紅、橘。慣例上，黑(棕)色線為接地(負極)，紅色線為正極，剩下的一條白色(橘)線，為訊號線，通常紅線(正極)都在中間，所以即使黑線與白線插反了，伺服機也不至於燒毀。伺服機是藉由接收機傳送的脈衝信號輸入伺服控制板，控制板再將脈衝信號轉換成直流電壓給伺服馬達使擺臂偏轉；訊號控制脈衝頻寬通常有一定的值，控制偏轉律如圖 12.8 所示，利用輸入的脈衝訊號控制伺服機的角度。

　　根據不同的機型有不同的伺服機使用規格，伺服機的規格主要分成內部的塑膠齒輪或金屬齒輪，此外伺服機所提供的扭力值也很重要。一般小型飛機或速度不快的飛機使用小型塑膠齒伺服機即可。

　　若飛機翼面積小、飛操面小速度快，速度快會造成翼面會有很大的負荷，嚴重者齒輪會損壞，則需選用金屬齒輪伺服機以承受較大的力量。

　　隨著機體越大，翼面負荷越大，選用的伺服機拉力也要跟著變大；例如大型特技機，翼面大且作特技時翼面偏轉行程要迅速，此時必須搭配 20 公斤級以上金屬齒輪伺服機較為妥當。伺服機規格選擇估計表如表 12.1 所示。

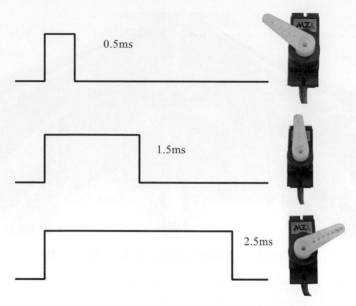

▲圖 12.8 脈衝訊號控制示意圖

▼表 12.1 常用之伺服機規格表

	微型	小型	小型 金屬齒	中型	中型 金屬齒	大型	大型 金屬齒	無刷 伺服機
品名	GT RC Model	HXT 900	TOWER PRO	GWS PARK HPX	Savox	HITEC HS-5955TG	Savox SC125	XPERT SI4601
輸入 電壓	4.8〜 5V	3〜6V	4.8〜 5V	4.8〜 6V	4.8〜 6V	4.8〜 6V	4.8〜 6V	4.8〜6V
扭力	0.8kg	1.6〜 2kg	2kg	4.2〜 4.8kg	5kg	20kg	20kg	18kg
重量	3.7g	9g	13.6g	19g	56.4g	65g	70g	65g
適合 機種	室內 小飛機	300〜 900g 飛機	300〜900g 競速機 特技機	1〜4kg 練習機 像真機	5〜12kg 競速機 特技機	6〜20kg 練習機	6〜20kg 特技機 噴射機	6〜20kg 特技機 噴射機
銷售 通路	模型店							
價格 (NT)	100〜 120	100〜 140	120〜 150	270	2000	2200	2200〜 2500	2300〜 3000

12-4　佈線方法與安裝規範

　　佈線安排在飛機設計與製造時佔有很重要地位。在設計時，所有線路皆須預留管路與通道，並需要考慮檢查與維修之可及性；在實際安裝時則須考慮接線的穩固性及長度，過長的信號線不但使飛機產生不必要的重量，且對訊號之傳遞亦有易衰減的情況。另外延長線盡量減少接頭之使用，接頭不但含有阻抗因子，且容易氧化或有脫落的可能性，會降低可靠度，所以線路盡可能不要有轉接。

　　一般飛機的伺服機或是電子變速器安裝位置離接收機有一段距離時，必須使用延長線來連接。雖然如前所述，延長線與接頭會產生不必要的重量以及訊號衰減，但延長線與接頭可以讓飛機各次系統能在適當的地方分離，讓飛機可以大部拆解，並提供合理的系統配置彈性，以及提供適當的可維修性。因此仍是必要的選項。

　　至於延長線接頭，一般可使用安全扣作為額外之保護措施，以避免在飛機飛行時震動使延長線鬆脫，如圖 12.9 所示；在機身內部延長線走線時，應以束線帶整線並且固定於機身內部側板，保持機身內部整齊，注意固定方式應為非永久性固定，以方便拆裝，提供可維修性，並注意應減少鬆脫機率；至於機翼內走線的部分，盡量以埋藏的方式將線路埋進機翼，再以玻纖膠帶或蒙皮掩蓋，以減少阻力，如圖 12.10；機身內部佈線方式則如圖 12.11。

▲圖 12.9　伺服延長線安全扣

▲圖 12.10　伺服器延長線埋入

▲圖 12.11　延長線固定

第三部分

競速飛機設計製造專案

Unmanned Aerial Vehicle

Chapter **13**

初步設計

13-1 任務需求

13-1.1 競賽規則

　　本專案為設計一架飛機參加「2014 台灣無人飛機設計競賽」中,初階飛行性能組競賽。因此競賽規則即為飛機之設計需求。而競賽時為了計分因素與比賽公平性考量,以及飛行安全的限制,對於電池規格與飛機總重量均有規範。大會競賽規則規範說明如下:

1. **機體限制**:飛機翼展不得超過 210 cm

2. **馬達限制**:馬達不作限制,但須用無刷電動馬達,且不得對馬達改裝,

3. **電池限制**:搭配之鋰電池不得高於 12V 及 3000mah。參賽隊伍之電池皆須購買市售鋰電池,不得自行改裝電池。裁判無法判讀審查電池容量者,一律取消資格,絕無異議。(說明:鋰電池有危險性,一般初學者不宜改裝鋰電池,且電池容量須要專業儀器進行放電測試,短時間內也無法判讀電池容量,請同學購買市售電池)

4. **螺旋槳限制**:可自由選擇使用單片式、複合式螺旋槳或導風扇式槳葉。但不能使用金屬製的螺旋槳。

5. **起飛重量**:飛機競賽時,含電池之起飛重量不得超過 1 kg。

　　而在飛行性能組競賽的主要飛行項目方面，評分項目為飛行圈數與特技飛行，以完成所有所需動作後的總秒數為主要計分項目：

1. 飛行必須依據規定之空域進行五邊繞圈飛行二圈(飛機不論從哪個方向起飛，起飛後必須先向外飛出並繞過右邊標竿後進行繞圈飛行)，如圖 13.1。

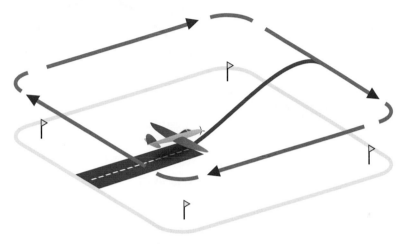

▲圖 13.1　繞圈

2. 參賽飛機緊接著不落地進行八字飛行，八字飛行要依中央參考線為基準，繞八字共二次，如圖 13.2。

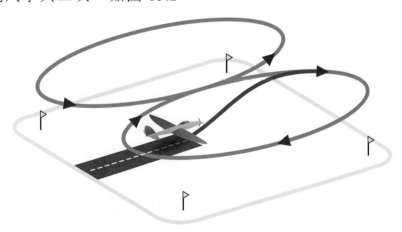

▲圖 13.2　八字飛行

3. 最後，參賽飛機須不落地進行每圈單次滾轉飛行，滾轉也是每一圈(在外側)進行一次軸向滾轉(側滾)，共進行二圈(二次側滾)，如圖 13.3。

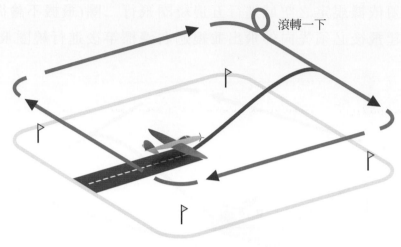

滾轉一下

▲圖 13.3　滾轉飛行

4. 計分方式以大會紀錄飛行總時間為準，時間越少則分數越高，未完成所有指定動作者，不予計算成績。

　　此外，繞圈時有規定，最小範圍必須超過長 50m、寬 50m 之四方形，邊線以三角形標竿標定，飛機必須繞過標竿線外(如上虛線延伸)，在標線內迴轉則該圈不採計(須再多飛一圈)。

　　而除了上述之標準項目之外，競賽另設飛行競速獎，仿效美國 400 碼直線加速賽車的作法，這個第二階段的飛行競速獎之競賽規則如下：

1. 由參加飛行性能獎競賽獲得最短秒數前六位，參加直線競速比賽。

2. 跑道長 200m，礙於場地限制，兩架兩架競速。

3. 起跑線鳴槍，飛機開始離手或升空飛行。假如連續兩次鳴槍前離手或升空，取消競賽資格。

4. 終點線計時與攝影。裁判助理於終點線揮鯉魚旗表示到達終點，當速度快到無法斷定何者先到時，以錄影機畫面判斷；假如再無法判斷時，加長跑道到 400m 再比賽一場定勝負，或並列第一名。

13-1.2　設計需求

綜合分析上述之競賽規則，可以得知，本專案之飛機在第一階段飛行性能競賽階段，有繞圈及八字飛行與翻滾之動作，在這個階段，飛機的設計需求類似以空戰纏鬥為導向之戰鬥機設計，需有良好之機動性能(轉彎性能)與加速性能，一方面可以降低速度，以很小的轉彎半徑達成八字飛行的要求；又需要良好之加速性，在做完較低速的八字飛行動作之後，可以迅速加速至下一個繞圈點以節約競賽時間。

但是到了第二階段的直線加速競賽時，飛機的性能需求與第一階段就有顯著差異，此時飛機設計之需求比較類似以空優攔截為導向之攔截機設計，此時最重要的是加速與極速性能。

綜覽上述分析，因此為達成參加競賽之目的，此本專案無人飛機的設計需求為：

一、飛行性能競賽階段：

1. **加速性**：飛機要輕，以便在適當的動力輸出下，能迅速加速。
2. **極速**：極速不是重要考慮因素，加速比較重要。
3. **可控制性**：機翼面積要大，以降低翼荷；操控面亦需要增加面積，提升操控性與轉彎性能。
4. **結構需求**：飛機結構須盡量強化，以避免高度機動動作使飛機產生 flutter 現象，或是高 G 飛行解體，但須注意盡量不增加飛機重量。

二、直線加速競賽階段

1. **加速性**：對飛機重量的要求限制較小，但是動力越大越好，以追求迅速加速到極速為設計時之最重要考慮。
2. **極速**：直線加速競賽時極速是重要考慮因素，在飛機迅速達到極速後，維持飛機極速是很重要的。因此設計時應盡可能減低機身截面積與機翼面積，以減少阻力。
3. **可控制性**：不追求轉彎性能，因此機翼面積要小，飛操面亦僅夠使用即可。

4. **轉彎性**：因僅追求直線加速，並無高度機動動作(高 G 飛行)，因此飛機結構不須特別強化。

由上述兩個不同競賽階段的設計需求可以發現，除了在加速性上兩者之需求基本上一致外，其他極速、可控制性、轉彎性等三項性能需求，不是相互無關，如對極速的需求；甚或是相互牴觸的，如對可控制性與轉彎性等性能需求，這使得在設計時需考慮如何求取設計妥協或平衡點，以達成競賽的目的。簡單的說，這部分就是任務需求的設定。

🛫 13-1.3 構型評估

螺旋槳戰鬥機在第二次世界大戰末期時達到發展的巔峰，因此本專案在設計時，可以以第二次世界大戰時所設計的飛機構型為參考基準，優先考量其設計理念與構型。由第 13-1.2 節所述，本專案之任務需求為在加速性及操控性都極為良好的飛機。經過初步篩選之後，最後列入考量的有廣泛為美國陸軍航空軍及同盟國使用，由北美航空公司生產，著名的 P-51 野馬戰鬥機，以及由德國 Dornier 公司所設計生產的 Do-335 戰機。

鼎鼎大名的 P-51 野馬戰鬥機的在當時是作為長程空優戰鬥機運用的，其空氣動力外型線條流暢，發動機動力強大，因此不但加速性能良好，極速也達到同期飛機之水準，此外該機機動性好，航程遠，是當時各式戰鬥機設計中，兼顧各項性能需求的非常平衡的設計。

至於德國的 Do-335 戰鬥機，則是有不同的設計取向。當時的德國空軍最重要的課題是攔截美軍的轟炸機群，設計上的主要需求是要能快速爬升並加速至指定的空域與高度攔截敵機。因此 Do-335 戰鬥機是以爬升、加速度與極速作為飛機設計的重點，機動性並非設計之主要考慮。

此外當時德國在發動機技術上處於劣勢，輸出馬力不足，因此採用阻力最小，氣動力效率最高的前拉／後推式的發動機設計，以克服發動機馬力不足之劣勢；然而活塞發動機先天機械複雜的特性，導致過度複雜的機械設計是最大的缺點。此外，Do-335 戰鬥機的俯仰轉動慣量太大，也使得飛機的機動性受到影響。

▲圖 13.4　P-51 野馬戰鬥機[1]

▲圖 13.5　Do-335 戰鬥機[2]

 **Reference**

[1]　http://www.myzone59.com/le-mustang-p-51-d-avion-de-chasse-a-helice/

[2]　http://i734.photobucket.com/albums/ww344/MacDuff2000/2009-03-12-DornierDo335Trainer036.jpg。

13-2 構型選擇

在構型選擇階段，首先要確認是以雙發或是單發動機爲設計基礎。因爲比賽要求速度而非滯空時間，在不考慮續航力的狀況下，利用雙發動機設計可以同樣一顆動力電池壓榨出更大的動力輸出。因此，雙發動機爲此專案之較佳選擇。

進一步檢討 13-1.2 構型探討中之討論，P-51 野馬戰鬥機可說是當年戰鬥機中，最能平衡各種性能要求之設計，但是以參加"飛機性能組的比賽"的目的來說，在"飛行性能競賽階段"時，P-51 野馬戰鬥機構型的機動性的優勢並不明顯，但是其過度均衡的設計反而使其在直線加速等特定項目中，必然居於劣勢；反觀 Do-335 戰鬥機，前拉／後推式的雙發動機設計可提供充沛的動力有利於直線加速，而在往復式發動機時代，這種構型造成的過度複雜的機械設計的缺點，在小型電動無人飛機上並不存在，而前拉／後推式的雙發動機設計所造成的俯仰轉動慣量太大，導致飛機的機動性受到影響的部分，則另外構想解決。

因此，參考 Dornier 公司在 1940 年前後設計的 Do-335 戰鬥機的特性，非常適合本專案無人飛機所參加的飛機性能組的比賽。Do-335 戰鬥機的構型基於前拉／後推式的發動機設計，不但得以提供足夠動力提高飛機加速能力，也因爲阻力小(因爲飛機截面積小)，能夠以相對小的動力達到高速飛行的效果。

而在滾轉(Roll)與倒飛等特技飛行動作方面，與傳統左右配置的雙發動機設計比較，本構型在滾轉方向之轉動慣量較小，也是本構型的一個重要優點；至於本構型因爲發動機前後配置關係而使得俯仰轉動慣量較大的缺點，本專案無人飛機計畫以前後發動機皆加裝向量推力的方式來輔助水平尾翼，直接拉動飛機之機首與機尾，以提升飛機在俯仰方向之可操縱性。

▼表 13.1　機體架構表

組件	構型
發動機	前拉／後推式的雙發動機
機翼	低翼機、單一平直翼
機身	四方形機體、翼剖面外形
起落架	無
尾翼	傳統十字尾

13-3　動力設計

　　本專案無人飛機之構型構想來自於第二次世界大戰時期德國 Dornier 公司所成功開發並生產的戰鬥機 Do-335，利用 Do-335 兩具發動機各自驅動螺旋槳，並採用一具朝前一具向後的前拉／後推式配置。這種配置法可以兼顧雙發動機飛機的強大輸出功率和單發動機飛機的低阻力氣動外型；一般的雙發動機螺旋槳飛機都是將發動機外掛在左右機翼上的並列式配置法，不僅由於需擔負兩具發動機與螺旋槳的較大的飛機截面，加上較長的主翼，因此會增加阻力外，另外掛在機翼上的發動機的重量，不但增加機翼的結構負荷(以及增加機翼結構重量)，亦連帶的使飛機本身在滾轉方向的轉動慣量增加，導致飛機滾轉能力的下降。

　　綜合前述，Do-335 的前拉／後推式配置除了讓飛機的截面減小，使機身空氣阻力下降外，還使整個機身的徑長比增加，更符合流線型而能進一步減小阻力，對極速的提升亦有幫助。

　　為了進一步降低設計風險，飛機在設計系統配置時，可以在僅裝置前發動機的情形下亦能保持適當配重，在試飛初期可以進一步降低風險。

　　在馬達選擇上，考量的主要重點是與飛機機身及重量與馬達的搭配程度。單純以飛機飛行來說，動力應該是越大越好；但是在飛機設計上，則須考慮馬達的重量、大小等，此外，馬達的動力性質，例如推力以及耗電量等，都是需要考慮的。

▲圖 13.6　P-38 戰鬥機(典型雙發動機螺旋槳戰鬥機)[3]

　　參考第 3-1.2 節所述，以本設計專案預估為 1～1.5 公斤的飛機來說，需要使用 500 級的馬達；考慮本設計專案是雙發動機設計，可選擇安裝兩顆分別能承載 600 公克機身的 450 級馬達，這樣足以承載 1 公斤的飛機重量。經搜尋網路賣家以及廠商規格後，本設計專案選擇之馬達為 SunnySky 型號為 X2216-5 的馬達，並選擇該系列馬達中 KV 值最高的 2400KV 的型號以提高螺距速度，發揮飛機的速度性能。

Design Box

讓我們複習一下 "螺距速度"

　　物理上來說，所謂螺距速度，就是螺旋槳的 "螺距" × "轉速"，也就是在螺旋槳完全切過空氣而沒有滑動的理想狀態下，螺旋槳轉一圈時飛機前進的距離。雖然螺距速度並非是飛機的絕對極速，但螺距速度確實是飛機極速的物理極限。

　　在理想狀態下，當螺旋槳的螺距速度與飛機的空速一樣時，螺旋槳完全切過空氣而沒有滑動，沒有向後推出的空氣，此時螺旋槳的推力將降為 0。這樣一來，飛機無法繼續加速。因此邏輯上來說，如果飛機可以超過螺距速度，則必須要有額外的加速推力，如助推火箭或噴射引擎等。

Reference

[3]　http://zh.wikipedia.org/wiki/P-38%P-38 閃電式戰鬥機。

　　那螺距速度是否可以用來估算飛機之飛行速度呢？如前面章節所述，飛機的總阻力是決定飛機極速的主要限制條件；總阻力是由誘導阻力、摩擦阻力、翼尖阻力以及寄生阻力等與飛機翼型及氣動力外型相關之因素所組成。例如相對於飛機重量來說，B-29 轟炸機的動力不算很大，但是因為領先時代的襟翼設計使飛機總阻力很小，因此飛行速度比大部分同時期的日本戰鬥機還快。可以說，機翼越薄、外型越小越流線的飛機，總組力越小，飛行速度就可以較接近螺距速度，也就是物理極限速度。

　　至於螺旋槳的選擇，則主要參考馬達製造廠家所提供的資料。從基本物理理論來說，每顆馬達有搭配螺旋槳的最大值，即螺旋槳尺寸；螺旋槳若超過尺寸則會造成馬達過載、電流升高、馬達轉速降低等效應，降低馬達運轉效率。

　　本設計專案所選擇之馬達屬於高轉速型馬達，扭力並不高，進一步考慮到飛機時實際可能達到的速度，則小半徑、小螺距的小型螺旋槳應該是比較適合選擇。

　　此外，另一影響馬達動力與效率的是螺旋槳之螺距。參考第三章所述，螺距的觀念類似螺絲釘的螺紋，螺距就是螺旋槳旋轉一圈時，螺旋槳所前進的距離。所以設計時飛行速度越快的飛機，在設計時應該搭配螺距較大，或轉速較高的動力系統，才能充分發揮動力系統的性能與效率。

　　基於上述原則，本設計專案所需之動力系統可以選擇搭配螺距較大，或轉速較高的動力系統。本設計專案選擇高轉速低扭力型馬達(也就是 KV 值較高的馬達，參考第三章說明)，搭配此馬達所能承受最大尺寸及最大螺距速度之螺旋槳，作為本動力系統之配置。如此可充分發揮系統效能。

　　進一步以推力估算網站的資料估算推力以驗證設計選擇。在嘗試以不同尺寸的螺旋槳代入給訂條件來估算，在馬達擇定使用 2400KV 的馬達時，11.1V 的電壓之下轉速約為 25000RPM；搭配尺寸為 5×5.5 的螺旋槳後，經由推力計算軟體算出靜推力約為 0.5 公斤，兩具發動機的總推力約一公斤，此時推重比超過 1.2，如此設計可以使飛機動力配置保有適當之安全餘裕；而 25000RPM 搭配螺距可得預估飛行速度約 200km/hr。因此除了過高的螺距速度會導致飛機效率降低外，在機上裝載兩顆 2500KV 馬達，搭配 11.1V 的電池，經由推力計算軟體所得到的推力值與本專案希望能超過 150km/hr 的速度，應可得到符合本設計專案所需的性能表現。

推力網站網址：http：//personal.osi.hu/fuzesisz/strc_eng/

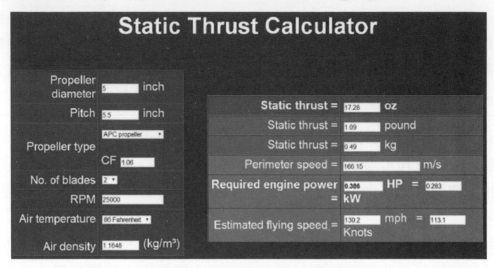

▲圖 13.7　推力計算網站計算介面

13-4　機翼設計

由第 2-2 節得知，飛機的重量需要機翼提供的升力加以支持而飛行；所以機翼除了選擇適合的翼形外，也需選擇適當翼荷，以符合飛機飛行性能需求。

機翼設計首先考慮到的就是機翼的尺寸，主要設計考慮之變數為機翼面積、翼面負荷、展弦比、以及翼型選擇。機翼的尺寸，機翼的形狀大小、與展弦比都與飛行性能有很大的關係。

13-4.1　展弦比與機翼面積

機翼面機的估算主要是來自所需要之翼面負荷，機翼負荷之估算如下式 (13-1) 所示。

$$機翼負荷＝(飛機總重／機翼面積) \tag{13-1}$$

參考表 13.2，可得本設計專案為高速高機動機型，建議之展弦比約 4～6；雖然說展弦比越高誘導係數越低，飛行阻力降低，但高展弦比的設計會導致機翼較容易失速，因此運動性能較差；為了適當保有低空運動性能，本設計專案之飛機選擇之展弦比為 5。

至於機翼負荷的部分，參考表 13.2，建議之翼面負荷約為 22～26oz/sq.ft.。翼面負荷越小的飛機，代表飛機的剩餘升力越大，不易失速，意指飛機可以在較低的速度下飛行，或是有良好的轉彎性能；但是升力過大的飛機設計也會使飛機不易操控(因為有很大的向上的升力)，降低飛機的可操縱性。在本設計專案中，由於飛機的轉彎性能主要由向量推力輔助，因此機翼需要強調其高速性能，故翼面負荷以較高值設定，為 0.9 公克／平方公分。

▼表 13.2　機型參數數值表[4]

	動力負載/oz.	翼面負荷 g/cm^2	展弦比
高速、高機動機型	200～250	0.82～0.97	4～6
中速運動機型	250～300	0.6～0.82	6～8
低速練習機	300 以上	0.45～0.6	8～10
斜坡滑翔機	無動力	0.45～0.52	8～10
高速滑翔機	無動力	0.3～0.45	10～15

綜合機翼負荷與展弦比的設定數據，搭配本專案設定之空機重量約為 1.0 公斤，帶入式(13-1)計算得(13-2)所示。

$$1000g/0.9 \fallingdotseq 1111cm^2 \tag{13-2}$$

因此，本設計專案設定翼面積為 1200 cm^2，依據前述之展弦比設定為 5，則可得機翼之翼展為 80 公分時，翼弦為 16cm，根據矩形面積計算得知翼面積大約為 1260 cm^2，因此估算機翼展弦比驗證可符合需求。

Reference

[4]　Andy Lennon Basics of R/C model Aircraft Design Chapter25 P125。

✈ 13-4.2　翼型分析及選擇

　　機翼的翼型密切關係到飛機飛行的效率以及性能，設計速度越高的飛機，機翼翼型通常越薄越好，外型也需要加以流線化處理；這樣可以使飛機的整體阻力變小，此時飛行速度可以接近由馬達與螺旋槳搭配出來的螺距速度，也就是理論上的飛機設計極速。

　　由於本設計專案之飛機並不強調飛行效率與滯空能力，機翼設計取向的重點在於阻力小，容易精準製造，強韌且質輕。由此設計概念可知，本設計專案之機翼構型應為結構簡單的平直翼或漸縮翼構型；此外，在空氣動力的需求上，機翼厚度越薄則阻力越小，因此尋求薄機翼構型；但是太薄的機翼很難維持適當的結構強度，難以安裝飛控系統，也不容易製造；因此，機翼的厚度與適當的機翼結構強度之間，在設計與製造時，需要做一個適當的妥協。

　　翼型種類極多，很多網站都提供自人類開始飛行以來，各研究機構與個人所累積的數千個各式各樣不同的翼型資料提供選擇；在這樣茫茫大海的資料中尋找適當之翼型實非易事。本設計專案參考網路論壇、市售競速小型無人飛機及相關文獻[5]得知，競速機普遍採用之翼形為 NACA 64A210、S6062、S8052、MH18、MH24、MH42、NACA 66012 等高速翼型，這些翼型的普遍共同點是為了減低阻力，機翼厚度通常較薄。而網路上一般市售模型常見的翼型有 MH42、NACA 64A210 等，兩者翼型頗為接近，但是機翼厚度則略有不同。

　　由前述慣用翼型中，本設計專案將在 MH42 與 NACA 64A210 這兩個翼型之間做選擇。在翼型的選擇時，由於本設計專案之飛機採用向量推力機構，進行高度機動動作時較容易因過度機動轉彎而進入失速狀態，由於太薄的機翼亦容易產生氣流剝離導致失速，因此需在失速特性(需要較厚的機翼)與飛行速率(需要較薄的機翼)上取得平衡；此外，本設計專案的基本構型在機動性能上，強調以充沛的向量動力進行機動，各飛操面只需勉強堪用即可。

✈ Reference

[5]　機型機翼資料庫-http://www.aerofiles.com/airfoils.html。

　　在選擇翼型時，需要對這兩個翼型做基本的評估分析。評估的主要參考依據有機翼厚度，還有不同攻角時的升力係數、阻力係數、以及昇阻比之曲線等等。選用常見的 profili 軟體進行分析，首先須輸入飛行數據計算出雷諾數，使用方法如前面所介紹，高度設爲 100 公尺、空速 180km/hr、翼弦長 16cm。所得雷諾數約爲 540000。

　　另外也有一些網站提供雷諾數計算的服務，請參考：

　　http：//exoaviation.webs.com/reynoldsnumbercalc.htm

　　將雷諾數輸入翼型資料庫的網址，則可以得到以下兩個翼型的基本資料比較，如下圖 13.8 以及圖 13.9 所示。

1.　NACA 64A210 翼型基本資料[6]

　　Max thickness 10% at 40% chord.

　　Max camber 1.3% at 50% chord

▲圖 13.8　NACA 64A210 翼型

Cl/alpha

Cd/alpha

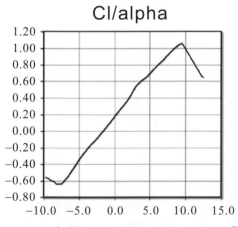

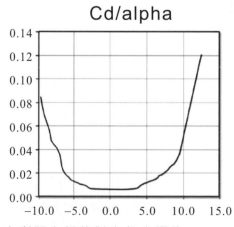

▲圖 13.9　NACA 64A210 翼型升力與阻力係數對攻角之變化

Reference

[6]　http://airfoiltools.com/airfoil/details?airfoil=naca64a210-il。

2. MH 42 翼型基本資料[7]

    Martin Hepperle MH 42 low Reynolds number airfoil

    Max thickness 8.9% at 31.3% chord.

    Max camber 1.8% at 36.3% chord

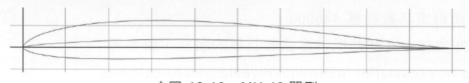

▲圖 13.10　MH 42 翼型

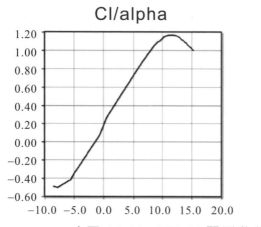 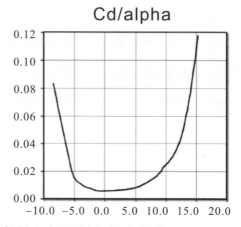

▲圖 13.11　MH 42 翼型升力與阻力係數對攻角之變化

　　一般來說，NACA 的翼型歷史悠久，是大家比較熟知的，所累積的資料也較為豐富完整。而有一位德國人，Dr. Martin Hepperle，也發展了一些適合低雷諾數環境下(也就是小型無人飛機)的翼型，他的生平以及一些作品可以參考他的網頁[8]。Dr. Martin Hepperle 發展的翼型以 MH 開頭編號，近年來亦已廣為市售小型無人飛機廠商使用。

　　如圖 13.9 以及圖 13.11 所示，NACA 64A210 與 MH 42 的升力係數在常用的攻角範圍內(0°～10°)差距不大，在攻角大於 10°後，NACA 64A210 會急速喪失升力，而 MH 42 的特性則較佳，升力降低的程度較為緩和；至於阻力係數方面，在略有攻角的狀況(5°～10°)時，MH 42 的阻力係數較 NACA 64A210 略低，但是差距並不明顯。

Reference

[7]　http://airfoiltools.com/airfoil/details?airfoil=mh42-il。

[8]　[http://www.mh-aerotools.de/company/thecompany.htm]。

然而若考慮到製造性，則較厚的機翼明顯具有優勢。在本專案飛機並無使用模具加工的可行性，因此較厚的機翼翼型對於製造加工有顯著的方便性，且在安置機翼內部結構與控制機構上也有顯著的優點，因此綜合上列討論，本設計專案飛機以可製造性、結構安排與強度為主要考慮重點，採用 NACA 64A210 為設計翼型。

13-5 尾翼與飛操面設計

在選定翼型之後，接著進行飛機各飛操面的設計。飛機各飛操面的適當配置與大小，攸關飛機的穩定性與操縱性，是飛行品質的一個很重要的環節。尾翼主要提供飛機的俯仰(水平尾翼之升降舵)與方向(垂直尾翼的方向舵)控制，對飛機之操作非常重要；適當的尾翼面積與飛操面之面積，對飛機的飛行操作品質有決定性的影響。

13-5.1 水平尾翼設計[9]

除了飛機的俯仰控制之外，水平尾翼的設置安排的另一個重要性，則在於水平尾翼攸關飛機的穩定性程度。以飛機側面來看，推力線如果在機翼重心上方(低翼機)，則會造成機鼻朝下的力矩，水平尾翼則要使用反半對稱的翼型；反之，推力線如果在機翼重心下方(高翼機)，則會造成機鼻朝上的力矩，水平尾翼則要使用正半對稱的翼型抵銷俯仰力矩。

由於本設計專案之飛機屬於低翼機，機翼重心低於推力線，但由於前拉後推的動力設計，推力軸線對稱，且轉向相反的馬達可以抵銷扭力，類似在第十一章提到前拉式動力須作右下偏角，以抵銷發動機運轉時向左上之力矩等考慮，基本上都不需要；因此在此購型下，馬達不需抵銷機翼與推力線的力矩，而水平尾翼則可以選用對稱翼翼型，並使用水平翼面。

Reference

[9] 遙控飛行模型載具的基本設計原理網址，http://live.ntsec.edu.tw/LiveSupply-Content.aspx?cat=6843&a=6829&fld=&key=&isd=1&icop=10&p=1&lsid=8337。

至於水平尾翼面積估算[10]，參考文獻可知，水平尾翼估算如式 13-3 所示：

$$HTA = \frac{2.5 \times MAC \times 20\% \times WA}{TMA} \tag{13-3}$$

其中

HTA：水平尾翼面積，單位是平方英寸

TMA：尾翼的力臂長度，單位是英寸

WA：機翼面積，單位是平方英寸

MAC：平均空氣動力學翼弦，單位是英寸(Wing's mean aerodynamic chord)

此外，水平尾翼的操縱面，也就是升降舵的大小，也必須要在此階段加以設計。普遍使用的設計參考依據，以升降舵的面積約為水平尾翼面的 30～40%為原則。

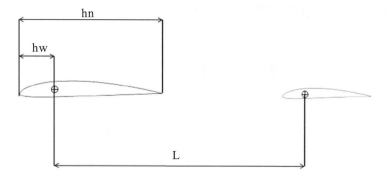

▲圖 13.12　機翼與水平尾翼之計算

✈ 13-5.2　垂直尾翼設計[11]

一般垂直尾翼使用對稱翼型，本設計專案之飛機選用單片式垂直尾翼。雖然雙垂直尾翼廣為現代新型戰鬥機使用，可以提升飛機的機動性與操縱性，視覺效果也很好；但是雙垂直尾翼的設計通常導致額外的結構重量、所產生的阻力也較大，此外兩個垂直尾翼間的氣動力特性也會互相干擾，需盡

🛩 Reference

[10] Andy Lennon Basics of R/C model Aircraft Design Chapter7 P33。

[11] Andy Lennon Basics of R/C model Aircraft Design Chapter5 P22。

量相互遠離，加上額外需要的支撐結構，因此會付出額外重量的代價，因此純高速性能導向的飛機設計常常避免使用雙垂直尾翼。

　　垂直尾翼的展弦比通常落在於 2.5～3，計算如下：

$$垂直尾翼展弦比 = \frac{1.55 \times 翼根至翼尖距離^2}{垂直尾翼面積} \tag{13-4}$$

　　依據前面提過的參考書籍建議，方向舵面積約為垂直尾翼面積的 10%，若特技機種或要求運動性能較好的機種可以設計 30～50%。但是在本設計專案之小型無人飛機應用上，由於方向控制主要以副翼進行，因此垂直尾翼主要僅用為方向穩定性之用，本設計專案之小型無人飛機並不裝置方向舵，如此可以減輕重量與阻力。

13-5.3　副翼設計[12]

　　副翼是飛機上最主要的飛操面，除了可控制飛機的滾轉之外，也是飛機飛行方向的主要控制翼面。以飛操系統的觀念來說，副翼通常越大越好，可以提供比較大的飛行控制力；但是副翼會破壞機翼本身的流場，降低機翼效率，因此適當折衷的副翼大小是在設計時需要考慮的重點。副翼通常安裝在主翼後緣，依據各參考文獻，一般建議副翼的寬度大約佔單邊翼展 40%左右：

$$40cm \times 40\% = 16\ cm \tag{13-5}$$

　　而副翼的深度則約為平均翼弦長的 25%左右：

$$16cm \times 25\% = 4\ cm。 \tag{13-6}$$

　　此外，為了以適當大小的副翼能得到較大的控制力，通常副翼裝置在機翼靠翼尖處，如此可以有比較長的力臂，提高控制能力。

Reference

[12] Andy Lennon　Basics of R/C model Aircraft Design Chapter10 P49。

Unmanned Aerial Vehicle

Chapter **14**

細部設計與製造

14-1 機身製作

　　一般來說，小型無人飛機的機身結構設計上必須滿足價格低廉、容易製造、輕量與高強度的要求，因此捨棄一般半硬殼式珍珠板加碳纖棒的結構，改用中空塑膠板(塑膠瓦楞板)製作機身，另外再適當的以白楊木條製造縱樑補強；這樣的結構比較接近是改良型硬殼式結構，其特點在於機身外殼即為飛機受力結構，如此設計方式可減少使用碳纖棒或航空夾板加強結構，並減少使用珍珠板作為機身整流外型的額外重量。

　　在採用硬殼式結構時，需要在全機結構佈局上考量幾點因素：
1.　機身各部應力必須將各部位受力均勻傳達至機身外殼結構。
2.　機身外殼結構須維持完整性避免結構弱點。
3.　結構設計必須滿足機內空間之規畫並達到符合需求之空間利用。
4.　研究機翼翼樑(碳纖棒)與機身結構整合配置以確保結構強度、輕量與維護性。
5.　減少不必要的結構重量。

　　然而在小型無人飛機上使用硬殼式結構的最大難題，在於如何既能以連續型結構提供適當的強度需求，同時又保有必要的檢修門以提供機構維護性。因為飛機機身若有大片的檢修門，容易形成嚴重的結構弱點。

　　以低單翼飛機來說，一般的作法除了設置橫向隔板外會在機身縱向方向中再多加一片板材使其下半部形成完整的盒狀結構(Torque Box)，確保機身強度無虞，該板材設有減重孔，可以減輕重量並提供管線路徑以便系統備置布線，再蓋上上蓋板後機身截面形成"日"字形構造，但上蓋板通常只具備維持機身外型的功能，因此這種做法會略為增加額外的重量。

　　為了解決這個問題，本專案計畫將上蓋板改用珍珠板，上蓋板並使用碳纖棒加強；至於機翼結構則採用兩根碳纖棒做為主翼翼樑，橫插入機身中，與機身相接處的孔洞用航空夾板切割的板材與機身相連以將機翼應力傳遞至機身。飛機採用低單翼構型，除了可以增加飛機的操縱反應速度，也可充分利用機內空間。

　　至於翼型的選擇上，請參考第 13 章所述，由於本機採用雙發動機搭配向量推力機構，動力充沛，且設計空速高，因此機翼選擇上不需要特別高升力翼型，但是強調減少阻力。在性能上強調以充沛動力加上向量推力進行機動，各制動面只需勉強堪用即可。機翼翼根保留一段距離不做副翼，內挖一管道，使控制副翼的鐵絲能在管道內定位旋轉，不會虛位。

　　而在飛機製作時，另一個重點是機身與機翼的定位與校正。除了第 10 章中敘述的，以在機身側板標出基準線的方式進行機身與機翼的定位與校正的作法外，另一種比較簡單的做法，是直接以平整桌面作為基準，而機身則選擇以機身上半或是下半貼齊桌面製造，如此則可以相對簡單的方式得到機身與機翼的定位與校正。

步驟一：機身製作

　　　　將切割好的中空塑膠板三面黏合，使用三角條輔助定位並強化膠合強度，請參考圖 14.1。

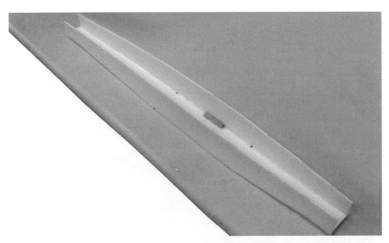

▲圖 14.1　機身基本成型，注意機身設計時底部為與桌面貼平，使用桌面為製造基準

步驟二：機翼大樑安裝

機身主體完成後，再來是用航空夾板補強機身中段以作為翼樑之碳纖棒與機身接觸處力量傳遞使用；精確定位機翼位置後，以碳纖棒穿過機身中段，如圖 14.2。

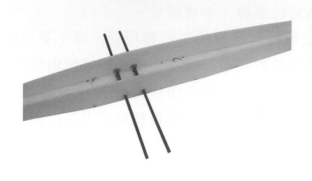

▲圖 14.2　機翼大樑接合　　　　　▲圖 14.3　電裝系統安裝

步驟三：設置水平尾翼升降舵伺服機

帶動水平尾翼升降舵的拉桿使用雷射切割的航空夾板製作，拉動碳纖棒轉軸，並使用以用雷射切割的航空夾板製作的基座來安裝前後向的向量推力單元的伺服機，如圖 14.4。

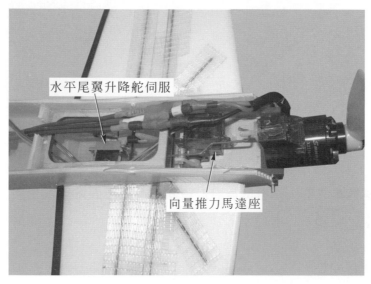

水平尾翼升降舵伺服

向量推力馬達座

▲圖 14.4　動力馬達的向量伺服器之安裝

　　在原始的設計中，曾經有將水平尾翼升降舵與向量推力馬達共用伺服機的想法，因為這樣可以簡化機構設計且降低重量，但是這樣的想法被飛行員否決，原因是飛機會變得太過分敏感而難以操作。分開設置的缺點是有兩套安裝複雜的俯仰控制設備且增加重量與成本，但是在必要時可以將向量推力的功能解除，是操控上很重要的優點。

步驟四：設置電裝安裝結構

　　緊接著安裝前艙之電池艙支撐板，如圖 14.5；以及後段電子變速器走線道與由雷射切割加工的航空夾板所構成額外強化之尾段結構，如圖 14.6。

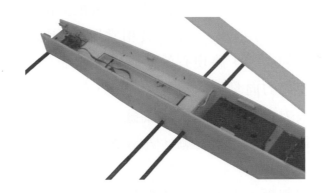

▲圖 14.5　設置電池艙支撐板

▲圖 14.6　後段電子變速器走線道，注意減重孔

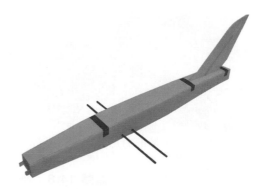

▲圖 14.7　機身完成圖

14-2 動力系統製作

一般小型無人飛機的細部製造過程與工法已詳述於本書第二部分之處，不再贅述。本節僅說明向量製作部分。

向量推力的構型是本專案設計的最重要的特色之一，設計團隊一開始採用廣泛使用於家具的小型金屬絞鍊做為向量推力馬達的旋轉支撐結構；小型金屬絞鍊安裝容易，價格低廉且容易取得，應為理想之機構選擇。然而實際測試後發現，由於製造精度問題，小型金屬絞鍊的虛位較大，在安裝馬達後，馬達轉動時容易有不預期的震動，在向量推力操作時，金屬絞鍊的虛位亦會對伺服機操作的精確度造成很大的影響。

因此設計團隊決定依據需求，自行製作向量推力的機構。為使支撐的材料輕量堅固，設計團隊使用容易加工且具相當厚度(因此抗彎矩能力良好)的壓克力板作為旋轉座的支架，將現有的塑膠馬達座做修改，加上舵角片與旋轉軸，製作成現在使用的向量推力機構；同時，舵角片盡可能高出馬達旋轉軸，使其能發揮最大力矩，減輕伺服機負擔。

1. 修改現成之馬達座，加上支撐軸，外層裹上 AB 膠以確保機構可以順利轉動。

2. 用雷射切割機切割壓克力板，形成向量推力馬達的旋轉支撐結構。

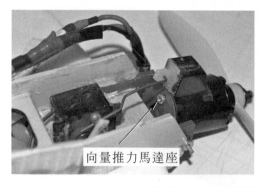
向量推力馬達座

壓克力向量推力機構

▲圖 14.8　機尾向量推力機構總成與細節

3. 將旋轉支撐結構與機身本體以 AB 膠加以接合，接合時須特別注意定位
　　與校正，務必確保推力線方向與機身水平軸線方向一致。

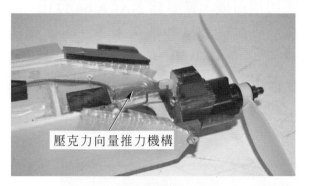

壓克力向量推力機構

向量推力馬達座

▲圖 14.9　機首向量推力機構總成與細節

14-3 機翼製作

　　翼型的選擇上，由於本機採用向量推力機構，因此本機機動時容易進入
失速區，因此需在失速與飛行速率上取得平衡，如第 13 章所述。

　　機翼本體結構與氣動力外型主要為保麗龍構成，在切割時預留翼樑的孔
道，切割後之保麗龍外面包覆燙紙與膠帶，不但可以讓外型平整美觀，減少
阻力並增加表面之抗磨損姓，而且藉由燙紙的收縮所提供的張力，可以讓整
個結構更緊緻更強固。

　　至於機翼翼樑的設計基本考量，請參見第 10-2 節。本專案設計為高速高
機動型無人飛機，機翼在高機動操作時會承受很高的 G 力，容易造成機翼彎
曲與變形。因此翼樑設計時須盡量在有限的重量範圍內提高強度與抗彎矩的
能力，另外為了對抗高速及高升力時可能產生的機翼扭曲(Twist)的現象，安
裝前後兩個翼樑以平均分攤機翼的受力。翼樑由碳纖棒以及碳纖片構成，碳
纖棒的截面積比較大，可提供較好的黏著與接觸面積，而碳纖片則可以讓伺
服機底板較容易適當黏結。

步驟一：機翼切割

　　機翼使用保麗龍線切割機切割而成，翼型為 NACA 64A210。雖然漸縮翼的阻力較低，但簡單平直翼較容易製造，本設計專案採用平直翼設計，切割好的機翼如圖 14.10。如果經費與材料許可，通常會一次切割好 2～3 份機翼備用，以節省設定時之工時並提升製造效率。注意保麗龍切割時，須將翼樑與其他線路所需之空間切割出來，方便進行翼樑之置放。

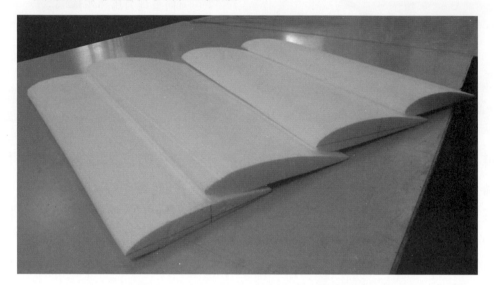

▲圖 14.10　NACA 64A210 翼形切割

步驟二：機翼翼樑之置放

　　機翼裁切完成後，在與機身組合前須配合機翼切割時預留之空間，嵌入 3mm 碳纖棒以及碳纖片做為翼樑。注意翼樑結構需貫穿整個機翼，避免有中斷後再行接合的狀況以確保翼樑的連續性強度。在將碳纖棒以及碳纖片嵌入後，建議將翼樑與保麗龍機翼的預留空間灌入保麗龍膠。

　　保麗龍膠合組合後放置通風處等待乾燥以確保機翼翼樑與機翼間完全固定無需位。注意圖 14.11 所示並非真實安裝之情況，僅將碳纖棒翼樑插入顯示工法及相對位置，真實翼樑結構需貫穿整個機翼，並與機身緊密結合。

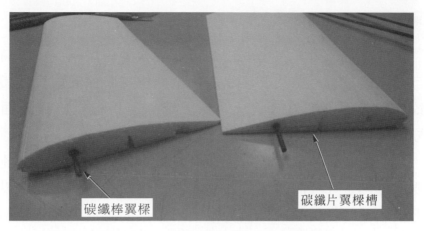

碳纖棒翼樑

碳纖片翼樑槽

▲圖 14.11　機翼接合面以及翼樑連結

步驟三：伺服機安裝

　　伺服器提供飛機飛操面所需的操縱量。伺服器在推動飛操面時，須提供足夠作用力以使飛操面能對抗高速氣流而順利偏折，不會被高速氣流的壓力給折回來；而根據基本物理原理，此時伺服器本身亦會受到飛操面的反作用力。

　　為了承受這個反作用力，伺服機安裝時，應使用一個固定用的底板來承受伺服機的力量，並將這個力量分散至保麗龍機翼上；而伺服機固定底板最好能與主翼翼樑在結構上加以連結，可以進一步將伺服機／飛操面的控制力直接由翼樑承擔，再將傳送至機身本體，這樣在飛機進行機動操作時，主翼變形的狀況會大幅降低，進一步使飛機的操縱敏捷，飛行品質也可獲得提升。

▲圖 14.12　機翼翼樑與伺服機安裝槽

步驟四：燙上模型用燙紙

　　機翼飛操面安裝完成後即可燙上模型用燙紙。燙紙時須注意均勻施作的技巧，尤其要注意避免電熱熨斗將保麗龍表面燙傷，而導致機翼表面不平整的狀況。至於難以運用燙紙施作表面處理的部分，則可以直接使用膠帶貼上後替代。

　　使用有背膠的膠帶之主要優點是本身有黏性，方便施作，不需要用電熱熨斗，而避免保麗龍表面燙傷的風險；主要缺點則是缺乏燙紙收縮時提供的額外張力以及所帶來的強度，且膠帶較重，會減損性能。

▲圖 14.13　機翼燙紙

14-4 尾翼製作

　　如第 13 章所述，在尾翼翼型的選擇上，本專案設計的飛機的水平與垂直尾翼都選用對稱翼翼型的設計；而在實際製作時，由於本專案設計為小型飛機，雷諾數甚低，因此翼型的設計意義不大，採用簡單珍珠板裁切成所需要的外型，將前後緣稍作加工以減低阻力之後，以 3mm 與 2mm 的碳纖棒做內樑以提供所需之強度，再使用 AB 膠或保麗龍膠將碳纖棒與珍珠板黏合即可。

此外，在製作時須考慮與機身本體的結構連接處之強度，補強用的碳纖棒樑須能與機身的主要結構相互連結，讓垂直與水平尾翼在飛行時之飛操控制力能適當地傳遞到飛機上。

水平尾翼的材料是使用 5mm 珍珠板，挖溝槽嵌入 3mm 碳纖棒，使用 AB 膠或保麗龍膠灌入凹槽使之硬化即可，硬化前務必將滲出多餘的 AB 膠刮除。珍珠板之前後緣必須以砂紙加以磨整，水平尾翼上面另可以用玻纖膠帶加以補強，以確保升降舵面的運作穩固。

水平尾翼的後緣需要安裝升降舵。升降舵的製作及安裝固定方法敘述如下：

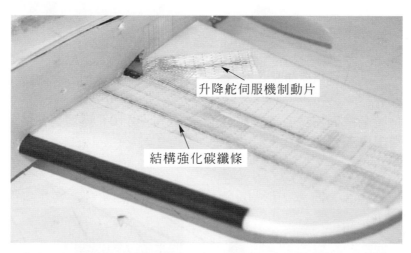

升降舵伺服機制動片

結構強化碳纖條

▲圖 14.14　水平尾翼以碳纖條加強，再以玻纖膠帶補強

至於垂直尾翼與垂直尾翼蓋板也是使用 5mm 的珍珠板製作，挖溝槽嵌入 3mm 與 2mm 的碳纖棒做補強，碳纖棒的主要功能是用來提供額外的結構強度，使用 AB 膠黏合，與水平尾翼類似，此處亦須用玻纖膠帶加以補強。雖然這樣的飛機構型下，垂直尾翼所受的力量不大，也無裝置方向舵的需要；但是考量到飛機以高機動競速為設計目標，以微小的重量代價得到強化的垂直尾翼與機身蓋板，應該仍是值得的。

　　垂直尾翼碳纖棒嵌入機身蓋板後，需將碳纖棒延伸一小段至機尾蓋板下方，增加黏著面，以便增加黏著強度，確認無誤後即可使用 AB 膠黏合固定與機身蓋板接合處，如圖 14.15 所示。

　　接著將水平尾翼嵌入事先預留的位置，確認尾翼位置正確後即可使用 AB 膠黏合固定，如下圖 14.16 所示。

▲圖 14.15　垂直尾翼與機身上蓋板處之　　▲圖 14.16　尾翼與機身尾段組合圖
　　　　　　碳纖棒加強處

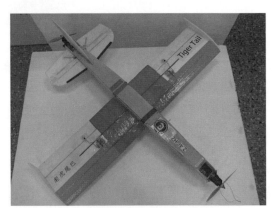

▲圖 14.17　機體完成圖

14-5 成品規格

　　製作過程中因少部分有材料與製作上的限制，所以跟原設計的值會有所差異，但在合理的誤差範圍內。

1.　**機身**：機身規格如下表 14.1 所示。

▼表 14.1　機身規格

	長	寬	高	其他
機身	120cm	12cm	16cm	
尾段酬載空間	13cm	8cm	12cm	
可掀式蓋板				4 處

2.　**機翼**：機翼規格如下表 14.2 所示。

▼表 14.2　機翼規格

	其他
翼形	NACA4415
展弦比	9
翼展	平直翼
翼面積	1503cm^2
副翼	面積：90cm^2
翼尖小翼	斜角：70 度、面積：85.5cm^2

3.　**尾翼**：尾翼規格如下表 14.3 所示。

▼表 14.3　尾翼規格

	翼根	翼尖	長度	面積	展弦比
垂直尾翼	23cm	11cm	22cm	374cm^2	2
水平尾翼(單邊)	15cm	9cm	30cm	360cm^2	5
升降舵			23	80.5cm^2	

4. 其他系統規格如下表 14.4 所示。

▼表 14.4　其他規格

名稱	規格	名稱	規格
空機重(含電裝)	800g	電池	11.V 900mAh×1
馬達	Sunnysky 2500kV×2	接收機	
電子變速器	40A ESC×2	伺服機	16g serro×5
螺旋槳	APC 5046×2		

▼表 14.5　機身側板及底板工程圖

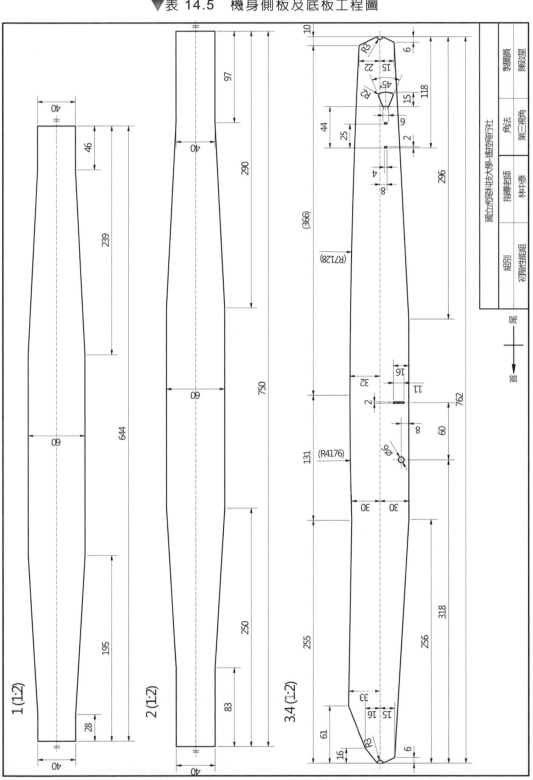

▼表 14.6　機身內部平板工程圖

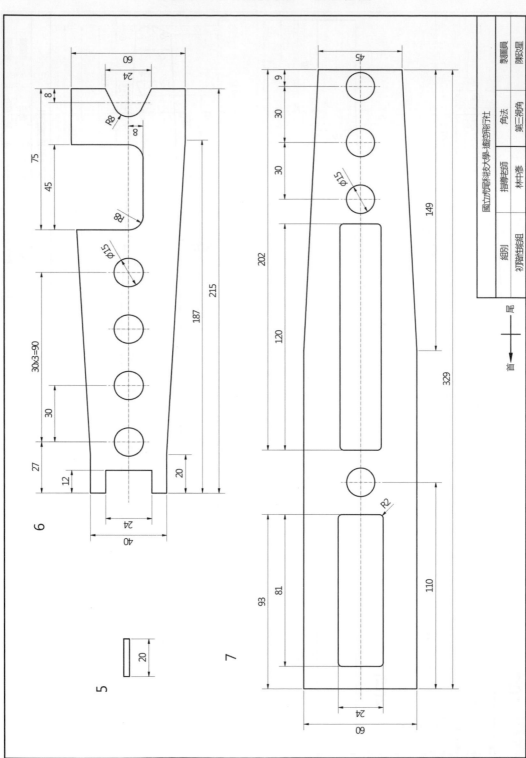

▼表 14.7　機身隔框工程圖

▼表 14.8　前後腹鰭工程圖

▼表 14.9　機翼及翼端帆工程圖

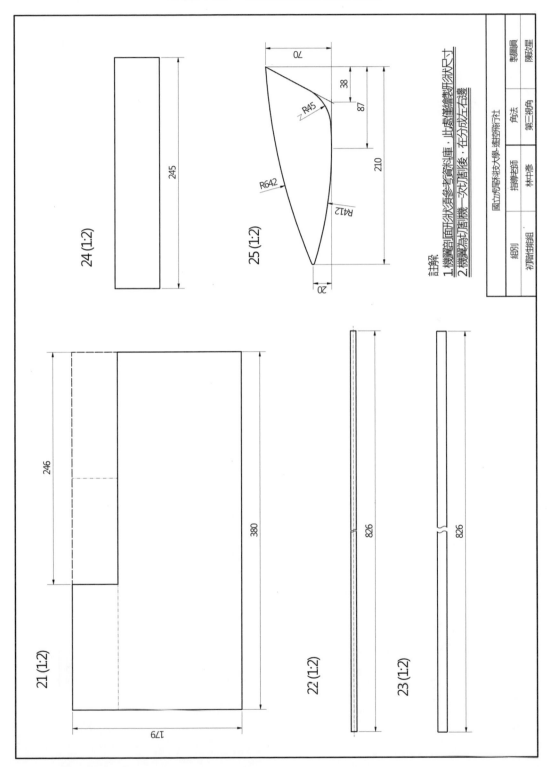

▼表 14.10　水平尾翼及垂直尾翼工程圖

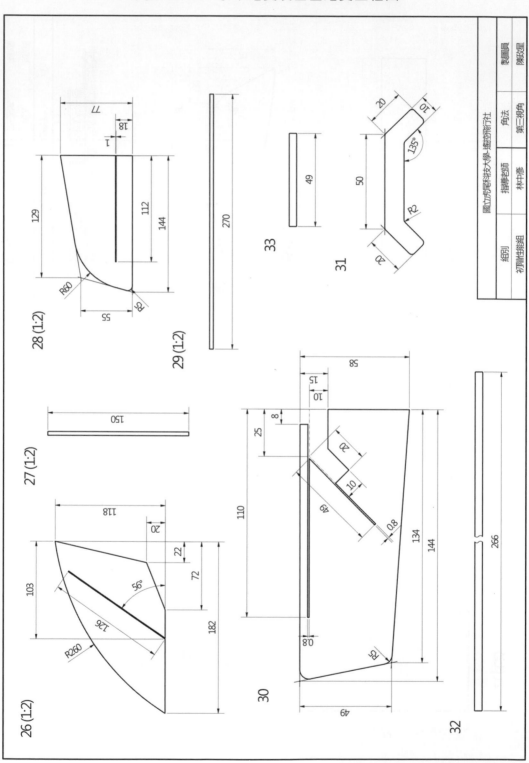

▼表 14.11 材料對照表

件號	名稱	數量	材料	備註
1	機身_上板	1	中空板	t=3
2	機身_下板	1	中空板	t=3
3	機身_左板	1	中空板	t=3
4	機身_右板	1	中空板	t=3
5	機身_上板支撐塊	6	木材	
6	中隔板_前段	1	中空板	t=3
7	中隔板_後段	1	中空板	t=3
8	橫向加強板-no.1	1	中空板	t=3
9	橫向加強板-no.2	1	中空板	t=3
10	橫向加強板-no.3	1	中空板	t=3
11	橫向加強板-no.4	1	中空板	t=3
12	馬達座	2	壓克力	
13	馬達座夾	4	壓克力	
14	馬達座轉軸	2	鐵絲	
15	馬達座隔板_前端	1	木材	t=3
16	馬達座隔板_後端-no.1	1	木材	t=3
17	馬達座隔板_後端-no.2	1	木材	t=3
18	前蓋	1	中空板	t=3
19	緩衝板_前端	1	中空板	t=3
20	緩衝板_後端	1	中空板	t=3
21	機翼	2	保麗龍	兩副翼位置須左右對稱
22	機翼_前樑	1	*	6mm 碳管
23	機翼_後樑	1	*	10mm 碳條
24	副翼	2	保麗龍	
25	擾流板	2	珍珠板	t=3
26	垂直安定面	1	珍珠板	t=5
27	垂直安定面_支柱	1	*	4mm 碳條
28	水平安定面	2	珍珠板	t=5
29	水平安定面_支柱	1	*	4mm 碳條
30	升降舵	2	珍珠板	t=5
31	升降舵_可動板	1	木材	t=3
32	升降舵_橫向支柱	1	*	4mm 碳條
33	升降舵_斜向支柱	2	*	4mm 碳條

Chapter **15**

實測與試飛結果

15-1 飛機飛行測試簡介

當飛機設計與原型機之製造完成之後，就需要確認這個飛機設計在真實飛行狀況下的性能表現是否符合設計時的構想與估算；此時進行的各種飛行試驗，簡稱飛機試飛。在真實世界中，載人飛機的試飛是一個冗長、耗時耗力、且充滿不確定風險因素的過程。

試飛飛機的主要目的是要驗證設計估算以及先期地面測試的結果，以確認各項設計指標、飛機之適航性，以及使用性能是否符合需求。此外，由於飛機的設計估算以及先期地面測試都是理論和模擬條件下的結果，亦需要以試飛來確認驗證[1]。

15-1.1 飛行測試的類別

一般按性質和任務來說，飛機試飛可以分為研究性質試飛、調整與定型試飛、使用試飛、出廠和驗收試飛等幾類。以自用的小型無人飛機來說，由於並無量產與交機的階段，因此並無出廠試飛和驗收試飛。

15-1.2 試飛前準備

試飛前的準備工作主要有：確認試飛項目，準備測試飛機，擬定試飛項目與地面測試項目，計畫測試程序，完成必要的地面測試。

飛機首次試飛前，首先需要在地面上作飛機上各種系統的工作性能試驗，以小型無人飛機來說，步驟大致上可分為：

1. **系統功能測試：** 在這個階段，首先將電池安裝妥當，在啟動電源後，首先測試各個飛操面是否都可以正常運作，會不會有干涉或是定位不正確的狀況，若有，則須對伺服器或是遙控器做必要的調整。

Reference

[1] http：//baike.baidu.com/subview/13372858/13920275.htm。

2.　**動力性能測試**：接著啓動發動機(可以是馬達或是引擎)，在惰速運轉一段時間之後，將發動機以最大油門運轉一小段時間(十數秒至數十秒等即可)，並反覆在高低轉速間調整，看看機體反應是否合乎預期，是否有過度震動或是發動機座不穩固的狀況。

3.　**重心的確認**：以雙手或是簡單輔助工具將飛機在翼下頂起，確認重心的位置與設計需求相符。若難以將重心定位在設計上的最佳的位置，則寧可將重心略爲前移(機頭較重)，也遠比重心偏後導致機尾較重而容易失速要好。

4.　若飛機有起落架，則須尋找平坦場地，進行低速及高速滑行測試，以確認飛機在跑道上的滑行性能良好。

5.　在上述地面測試完成後，就可以進行試飛了。

15-1.3　試飛場地、路徑與時機

此外，試飛場地、試飛路徑與時機的選擇也很重要。

1.　試飛場地的選擇

在試飛場地的選擇方面，主要是需要考慮安全性。在進行比較有把握的構型的飛機的試飛時，尋找空曠較無人煙的區域，且附近視線良好。這樣容易尋找逆風起飛的方向，不至於需要考慮側風起降的問題。此外，一旦試飛時發生各種異常狀況，飛行操作人員可專注於挽救飛機而不需要顧慮到可能危害地面安全的情形；萬一不幸墜落，則墜落的機體亦不至於於對地面的人員與財產造成危害。

然而，若是進行較具風險的試飛，例如全新構型的飛機、或是不具經驗的控制方式等等，則可考慮尋找葉子較軟的長草區進行試飛。選擇長草區試飛的主要原因是，風險性質的實驗試飛通常墜毀的機率甚高，往往需要多次調校後才能穩定飛行。

此時若能找到長草區來試飛，則飛機初期測試不穩定的墜機有長草區可以加以緩衝，可大幅提高機體以及機上重要與高價零組件在飛機墜落之後的生存性，在機體可修復的機率大幅提高的狀況下，對於後續的調校與試飛驗證，可省下大量的時間以及經費，會非常有助益。

2. 試飛路徑的規劃

在試飛路徑的規劃上，主要顧慮是與鄰近物體之間的適當間距，包含水平間距以及垂直間距。要盡量避免在飛行路徑上有比較高的電線桿、樹木、房子等等；特別要注意電線桿與電線，不但會對試飛中的小型無人飛機造成很大的傷害，而且萬一試飛的飛機將架在電線桿上的電線打斷，也會造成很多不必要的危險與麻煩。

此外，還要考慮一旦飛機失控，飛機將在失控點上大致依拋物線路徑墜落，所以也要考慮到在若無人飛機在計畫的試飛路線上的任何一點失控的話，墜落的拋物線附近需要淨空，使墜落的無人飛機不致產生對地面的危害。

3. 試飛時間的選擇

試飛時，除了飛機本身的狀態之外，氣候也是一個決定性的因素。一般來說，大型飛機試飛時，由於機體甚大，相對比較不會受到天候影響，比方說波音的 B787-8 第一次試飛時就是在雨天試飛的。但是對於輕型航空器來說，本身質量輕，相對較容易受到風的影響，因此試飛時要特別注意天氣的影響。

以台灣來說，年度的風向風力分布狀況大約是，夏天吹南風，風比較小；冬天吹北風，風比較大。此外，如果以每一天來說，典型的風力狀況，是清晨風最小，到了下午傍晚風會變大。然而，大動力高運動性能的小型無人飛機相對受影響較小，只要風速不高，大致上都沒有問題。

不過若是要試飛輕型的小型無人飛機，則應盡可能選擇無風或是風很小的地方。通常最好的時間點是清晨五點到六點，此時已經有日光，但是基本上大氣是處於完全無風的狀態，對於試飛的干擾最少，此外，若需要量測飛行數據，這時的干擾也是最少的。

15-1.4 試飛測試內容

在初步試飛時，主要的目的是要確認飛機的基本操作性能是否安全，是否合乎基本飛行操作的需求，了解這個飛機設計的特性，並且要找出潛在的不安全因子，測試改進的措施，然後才能繼續進行安全範圍內的各項試飛。

　　在初步試飛確認飛機的基本操作性能與安全性之後，就可以進行較複雜的飛行測試項目了。這個階段主要蒐集飛行數據，同時逐步擴大飛行操作的程度(亦即所謂的"飛行包絡線"，Flight Envelope)，以了解飛機在比較極端的操作狀況下，是否仍然可以維持操縱性與安全性。

　　在飛機性能與飛行包絡線的驗證完成之後，最後進行任務性能試飛驗證。

　　試驗內容依試飛性質和試驗機的種類而異。以小型無人飛機來說，由於系統並不複雜，結構也簡單，此時試飛的主要項目有：

1. **飛行品質測試**：包括穩定性(靜態和動態)、操縱性、機動性和與失速有關的試驗。通常亦會進行無動力測試，在穩定水平飛行時將動力系統關閉，藉由飛機滑翔狀態以驗證飛機組裝的精確度(機翼以及尾翼是否有歪斜)，以及重心配置是否正確。試驗需在良好氣候與風速及適宜之陽光照射條件下進行。

2. **性能試驗**：測試飛機之最大速度、最小速度(失速速度)、爬升、耐航時間、機動飛行和起飛著陸性能等測試。通常亦會進行無操控測試，在調校至穩定水平飛行後，放手不碰觸控制系統，藉此確認飛機動力系統安裝之反扭力偏角是否正確，以及確認飛機是否有向上/向下的傾向。

3. **顫振試驗(Flutter Test)**：確認飛機在各種飛行操作狀態下是否會產生顫振的現象。一般可以用突然操縱或激振等方式對機翼施加擾動，以觀察其回應(在大型飛機上則是很精確的量測其振動類型、振動頻率和衰減特性等)。

4. **飛行負載試驗**：按設計條件進行試飛，以確認設計負載是否符合需求。將試飛結果和設計預測值對照以確保其安全性。

5. **發動機試驗**：確認小型無人飛機在飛行狀態下發動機的工作性能與對飛機的適應性。測量推力和電力(或是燃油)消耗量，驗證發動機的加減速、震動，飛機與發動機的匹配性和空中起動性能以及發動機的操縱性等。

15-2 試飛前的機身組裝與校正

在本專案計畫的小型無人飛機組裝完成之後,再來就是要進行一連串的測試已確認飛機是可以飛行的(類似在真正的飛機上的適航檢查)。

在首次試飛前,小型無人飛機至少需要進行下列幾項驗證與測試,才能進行試飛:

1. 上電。
2. 飛行控制系統測試。
3. 動力系統測試。

在這些項目測試驗證完成之後,進行必要的調整與修改,之後才能進行試飛。

室內無風狀態下地面測試定推力,動力系統電子變速器為好盈 60A,馬達 X2814 870KV 搭配螺旋槳 11×5.5,電池為 Turnigy 11.1 2200mah 25C;經由實際測試結果得知指針式拉力秤測得 1.2kg,數位式拉力秤測得 1.29kg,最高轉速為 8000 轉,如圖 15.1 所示。測得轉速藉由推力估算網頁[2]計算結果為 1246.46 公克,如圖 15.2 所示,與實際測得結果非常接近。

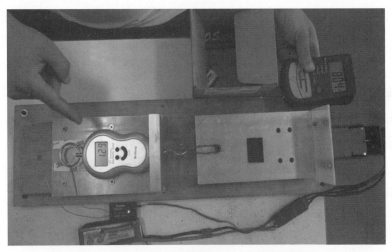

▲圖 15.1　數位式拉力秤得 1.2kg 轉速 8000 轉

Reference

[2] 推力估算網頁,http://www.gobrushless.com/testing/thrust_calculator.php?prop=50&rb1 =1&Value=8000&Altitude=0&submit=Calculate+Now。

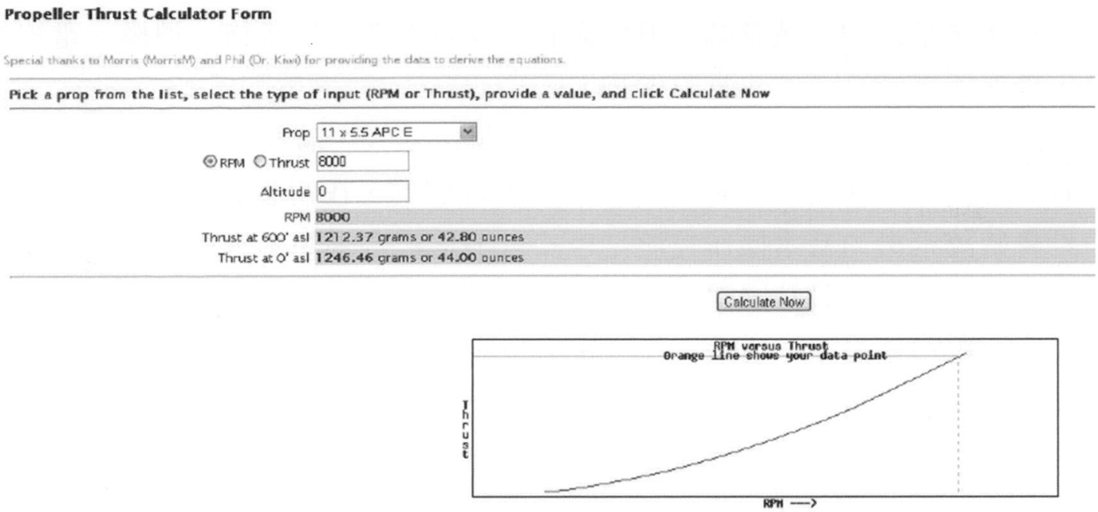

Propeller Thrust Calculator Form

Special thanks to Morris (MorrisM) and Phil (Dr. Kiwi) for providing the data to derive the equations.

Pick a prop from the list, select the type of input (RPM or Thrust), provide a value, and click Calculate Now

Prop 11 x 5.5 APC E

⊙RPM ○Thrust 8000

Altitude 0

RPM 8000

Thrust at 600' asl 1212.37 grams or 42.80 ounces

Thrust at 0' asl 1246.46 grams or 44.00 ounces

Calculate Now

RPM versus Thrust
Orange line shows your data point

▲圖 15.2　推力估算網頁。輸入轉速 8000 轉、螺旋槳 11×5.5、海平面高度 0 得推力 1246.46g

15-3 第一階段原型機飛行測試

第一架原型機第一次試飛在雲林縣虎尾鎮農業博覽會的停車場進行，由於團隊之經驗不足，在預計要試飛的當天，飛機準備不及，所以將試飛的時間延到下午。當天的氣象狀態為陰天，風向為北風，風速約為輕風 2 級(1.6～3.3s/m)至和風 4 級(5.5～7.9s/m)，手擲起飛。

碳纖棒翼樑

▲圖 15.3　第一架原型機試飛前整備，注意僅裝置一根翼樑

　　雖然試飛場的空域廣闊，但地面有許多灌木叢、停車格、柵欄、電線杆等，飛機起飛降落較需注意障礙物。

　　此外，由於前拉後推的動力配置動力輸出強大，若搭配向量推力則可能會有過度敏捷的狀況，回歸到第 15-1 節所說明的，在初步試飛時，主要的目的是要確認飛機的基本操作性能是否安全，是否合乎基本飛行操作的需求；因此第一次試飛時設計團隊選擇將向量推力的功能關閉，並且不安裝後推馬達的電源線與螺旋槳，讓飛機在傳統構型與僅啟用傳統飛操系統的狀態下進行第一次試飛。請參見圖 15.4。

▲圖 15.4　第一架原型機第一次試飛，注意機尾並未裝置螺旋槳

第一次試飛的結果如下

1. 飛機基本上可以飛行，但是機身偏軟，剛性不足，做比較大的機動飛行動作時，會產生扭曲 "twist" 的現象；

2. 機翼的剛性也不足，所以在飛行時，飛操面的控制會使機翼的彎曲過大，操作困難。

3. 滾轉控制力不足。副翼的作動行程不夠。

4. 水平尾翼控制力不足。方向穩定性亦不佳。

5. 動力不足；飛機原本設計是以前拉後推的雙發動機推動，第一次試飛時僅裝置一具馬達，導致飛機的動力不足。

15-4　第二階段原型機飛行測試

　　本專案團隊在試飛後檢討，認為第一架原型機的設計有先天的缺陷，因此針對第一次試飛時發現的缺失，做了若干修正，修正設計並重新製造一架原型機。

　　新的原型機最主要的改變，是強化機翼與機身的剛性，運用航空夾板與塑膠瓦楞板強化機身，再以前後兩個翼樑的配置強化機翼。針對方向穩定性問題，專案團隊將垂直尾翼後移，增加尾翼的力臂長度，如此可以在不增加垂直尾翼面積的前提下，提高方向穩定性。此外，亦加大了水平尾翼與升降舵的面積，提高水平尾翼的俯仰控制力。

　　至於副翼的作動行程不夠，導致滾轉控制力不足的問題，專案團隊認為應該可以以強化製造精確度以及用比較大型的伺服機解決。

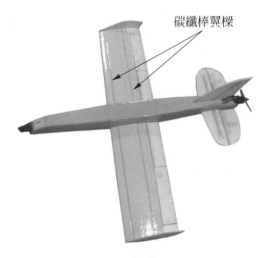

碳纖棒翼樑

▲圖 15.5　第二架原型機第一次試飛前整備，注意水平尾翼加大，垂直尾翼後移

　　經過一連串的修正後，第二階段飛行測試在虎尾科技大學操場進行，氣象狀態為陰天多雲，風向為西南風，風速約為輕風 2 級(1.6～3.3s/m)。

　　第二階段的試飛，整體來說相當成功，前後馬達都裝上後，操縱極為敏捷，第一階段試飛時的控制等相關問題也基本上獲得解決。然而，副翼的滾轉控制力不足的問題無法根本解決，對飛行員的操控指令的反應仍然不佳。

因此，專案團隊最後決定將原本安裝於機身中的單一一個副翼的伺服器，改為比較常見的兩個伺服器的構型，並且選擇安裝於機翼上方。

雖然一般理論說，在機翼上方安裝裝置會影響到機翼上表面的流場，會破壞機翼的升力，但是在機翼下方裝置伺服器對低單翼的飛機來說，很容易在降落時造成伺服器與連桿機構受損。完成後的最終構型如圖 15.6。圖 15.6 是最終定型的飛機，也是最後用來參賽的飛機。

▲圖 15.6　最終定型的飛機。注意水平尾翼加大，垂直尾翼後移。且副翼伺服器安裝於機翼上表面

15-5　競賽結果與討論

本專案計畫之原始目的是參加『2014 台灣無人飛機創意設計邀請賽』。為了比賽當天的可靠度，本專案計畫製造了兩架相同的飛機，這樣不但團隊在製造第二架飛機時，可以針對第一架飛機的製造上的缺失進行改進，可以得到更好的機體，做為比賽用的飛機；而且基本上一樣的第一架飛機還可以作為備用機使用。到了比賽當天，萬一有一架機體出現問題，才有備用飛機可以上場比賽。

　　競賽時,由於專案計畫團隊並無學生飛行員,因此由校內的飛行教練執行飛行任務。以競賽結果來說,這架飛機飛出了當天全場最佳的秒數,證明了設計團隊的原始構想的可行性與正確性;雖然依據大會規定,不是由學生自己飛行的參賽隊伍要加時(罰時間),所以最終並未得到好的名次,但是對設計與製造這架飛機的專案團隊來說,能在純粹的飛行性能計時競賽中得到全場最佳的完賽秒數,已經是最大的肯定了。

▲圖 15.7　競賽時的備用飛機,注意幾乎所有細節都與競賽機相同

▲圖 15.8　競賽當天的飛行

雖然競賽成績的結果不錯，但是還是有些地方應該可以持續改善：

1. **重量**：與原始設計指標比較，飛機的重量可以再減輕。以目前的重量來說，由於動力充足，故高速時可以很穩定的飛行，但是較重的重量導致飛機的失速速度較高，以手擲起飛時，容易初速不夠導致飛機墜毀。

2. **檢修艙門設計**：原本的設計是為了配線與檢修、電池安裝方便，將整架飛機的上半部都做成可打開的艙門。但是如此一來機身的剛性不足，容易在高機動動作時扭曲，方形機身以及檢修門的交界處的縫隙也容易產生很大的阻力，研發更好的機身材料與工法，是未來必須要進行的方向。

3. **操控性能**：由於向量推力的緣故，飛機本身的俯仰動作過度敏捷，導致飛行員認為這架飛機非常難以操控。如何在飛機的敏捷性與高速性能上，以及容易操控間做出適當的取捨，是未來進一步發展這個構型的重要課題。

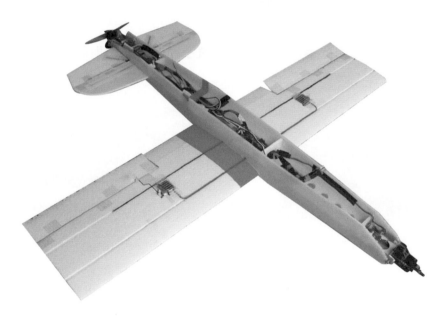

▲圖 15.9　飛機將檢修門打開的狀態

國家圖書館出版品預行編目資料

固定翼無人飛機設計與實作 / 林中彥,林智毅
　編著. - - 二版. - -　新北市：全華.2020.11
　　面　；　公分
　參考書目：面
　ISBN 978-986-503-507-5(平裝)
　1.飛行器　2.遙控飛機
447.7　　　　　　　　　　　　109015852

固定翼無人飛機設計與實作

作者 / 林中彥、林智毅

發行人 / 陳本源

執行編輯 / 蔣德亮

封面設計 / 楊昭琅

出版者 / 全華圖書股份有限公司

郵政帳號 / 0100836-1 號

印刷者 / 宏懋打字印刷股份有限公司

圖書編號 / 0627001

二版一刷 / 2021 年 1 月

定價 / 新台幣 400 元

ISBN / 978-986-503-507-5(平裝)

全華圖書 / www.chwa.com.tw

全華網路書店 Open Tech / www.opentech.com.tw

若您對本書有任何問題，歡迎來信指導 book@chwa.com.tw

臺北總公司(北區營業處)
地址：23671 新北市土城區忠義路 21 號
電話：(02) 2262-5666
傳真：(02) 6637-3695、6637-3696

南區營業處
地址：80769 高雄市三民區應安街 12 號
電話：(07) 381-1377
傳真：(07) 862-5562

中區營業處
地址：40256 臺中市南區樹義一巷 26 號
電話：(04) 2261-8485
傳真：(04) 3600-9806(高中職)
　　　(04) 3601-8600(大專)

歡迎加入

全華會員

- **會員獨享**

會員享購書折扣、紅利積點、生日禮金、不定期優惠活動…等。

- **如何加入會員**

掃 QRcode 或填妥讀者回函卡直接傳真 (02) 2262-0900 或寄回，將由專人協助登入會員資料，待收到 E-MAIL 通知後即可成為會員。

如何購買 全華書籍

1. 網路購書

全華網路書店「http://www.opentech.com.tw」，加入會員購書更便利，並享有紅利積點回饋等各式優惠。

2. 實體門市

歡迎至全華門市（新北市土城區忠義路 21 號）或各大書局選購。

3. 來電訂購

(1) 訂購專線：(02) 2262-5666 轉 321-324
(2) 傳真專線：(02) 6637-3696
(3) 郵局劃撥（帳號：0100836-1 戶名：全華圖書股份有限公司）
※ 購書未滿 990 元者，酌收運費 80 元。

OpenTech.com.tw 全華網路書店

全華網路書店 www.opentech.com.tw
E-mail: service@chwa.com.tw

※ 本會員制如有變更則以最新修訂制度為準，造成不便請見諒。